庭《にわ》のざぶとん犬《いぬ》②

い あいこ

夏の"ちいさな火"②

にしあい くつ

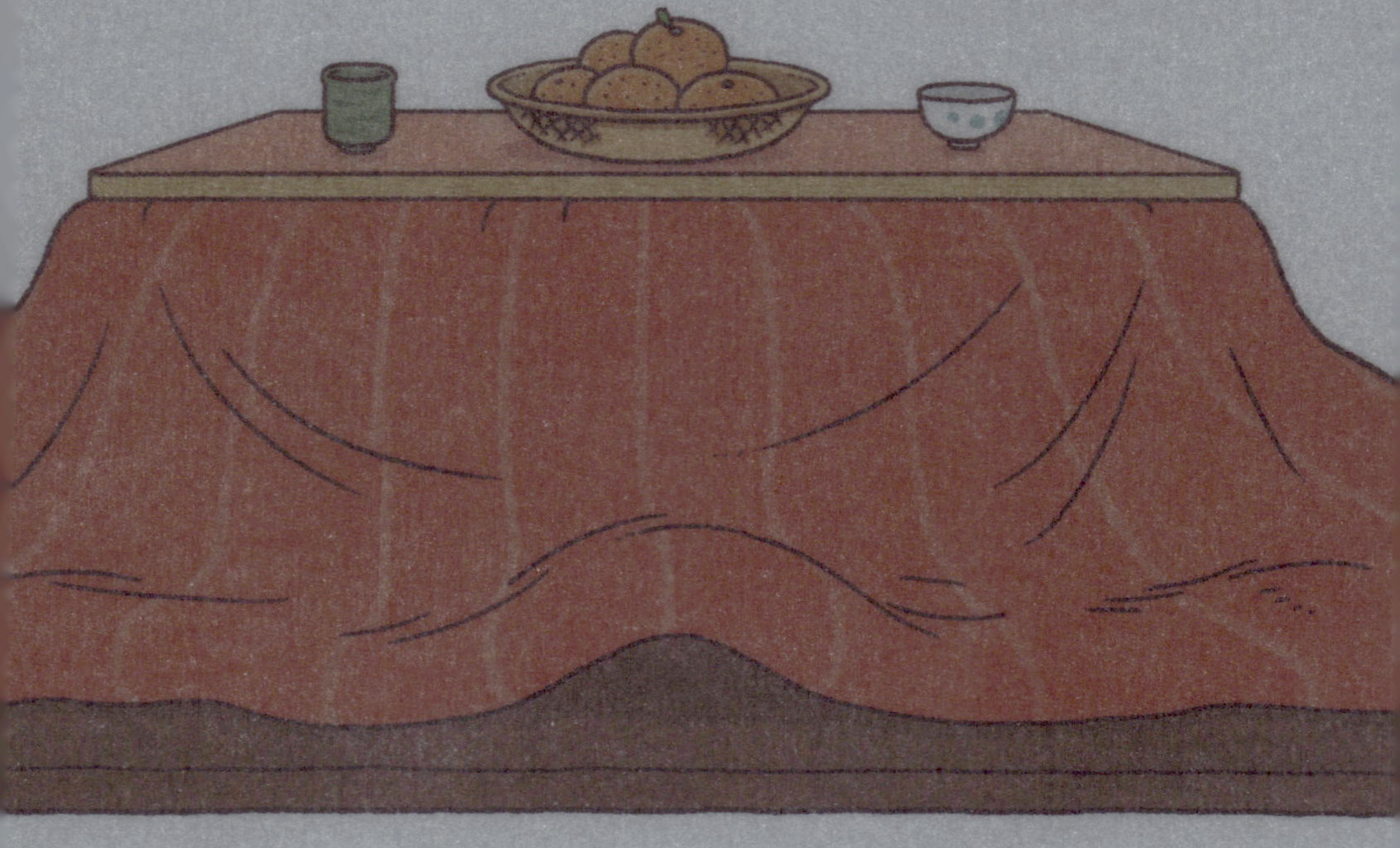

庭のざぶとん犬②

もくじ

こう
ビチビチビチ

ダイジョーブ
だよーん
ブインブイン

足の順ちがう!
犬!しっかり!
てしっ

お題わんこシリーズ

コラム

登場犬物とその他の生きもの

犬

雪国のお庭で暮らす雑種のお犬。
普段はぼんやりしているようでも、意外とその鼻ですべて「お嗅ぎ通し」だったりする。犬には人に見えないものがあっさり見えて（嗅げて）いることを、我々は忘れてはならない。
好きなものはおイモと落花生、こたつ。雪は好きだが水は苦手。

カイヌシちゃん

犬の世話係。ダイガク生。犬を愛し、マメマメしく散歩に勤しみおやつを貢ぐが、その愛ゆえに日々翻弄されている。そもそも全ての犬飼人は、飼い犬の鼻の上で踊らされているに過ぎないのかもしれない。

写真が密かな趣味。

▲コドモ
ver.

ざぶとん

犬の尻をぬくめるだけでは飽き足らず、最近では「かじられてこそ」という境地に達したとかしないとか。

ぬいぐるみA

犬の“おともだち”として贈られたはずであったが、彼を待ち受けていたのはまさかの過酷な運命であった。

その他の面々

ちち
そぼ
そふ
いとこファミリー
しんせき犬
いとこの子

『日なたと共に』

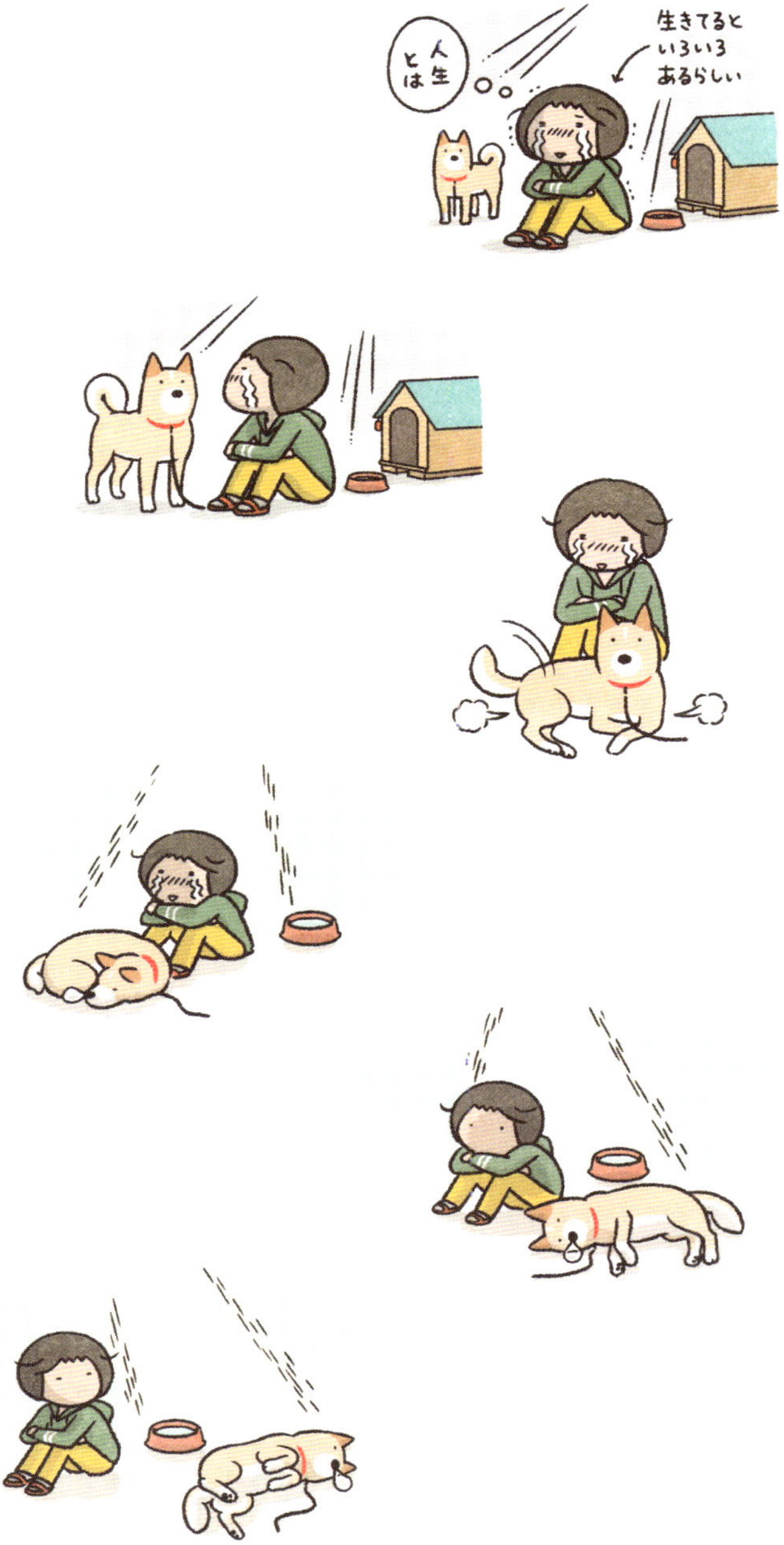
人生とは
生きてると いろいろ あるらしい

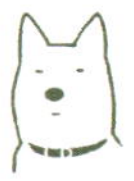

『余白は大胆に』

オーオバさんが犬にって！
ふかふか！
犬マット作ってくれたよ
ヨコだって！
ヨコ！
ずりっ
フー フー
そう！
そうよ

『犬のベロを出す方法』

その①
おやつを
あげる

その②
洗う

その③
よく拭く

先回り

おやつだぞー
はむ→
ハフハッ
キラキラ
ぺとん
まてまて
おすわり!
お…
シュ
ガッス
早っ
お…
バッス
まだ
何も
シュ
言ってない
のに!!

『ときめくあくび』

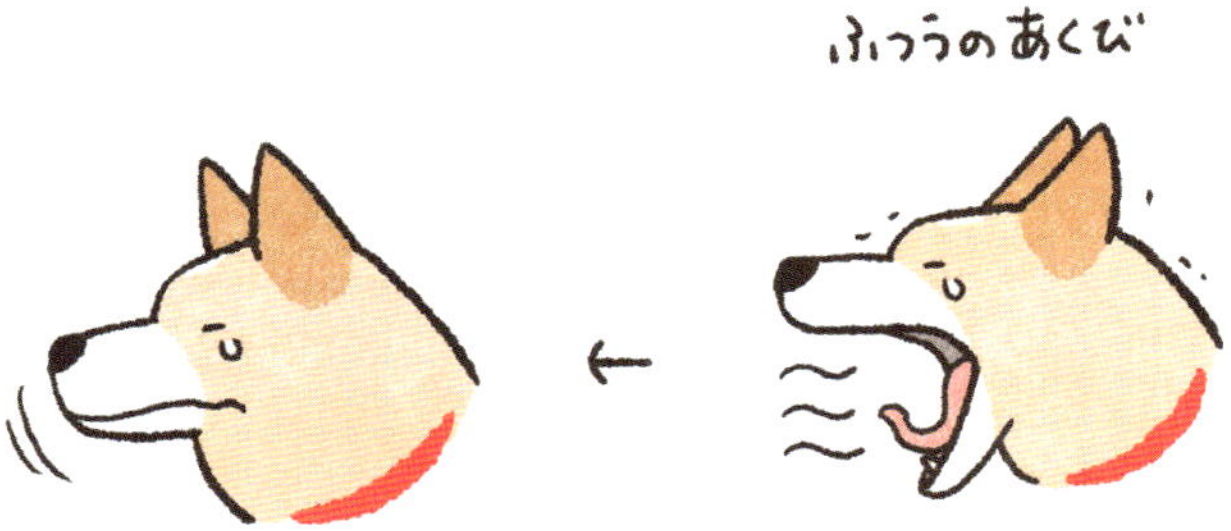
ふつうのあくび

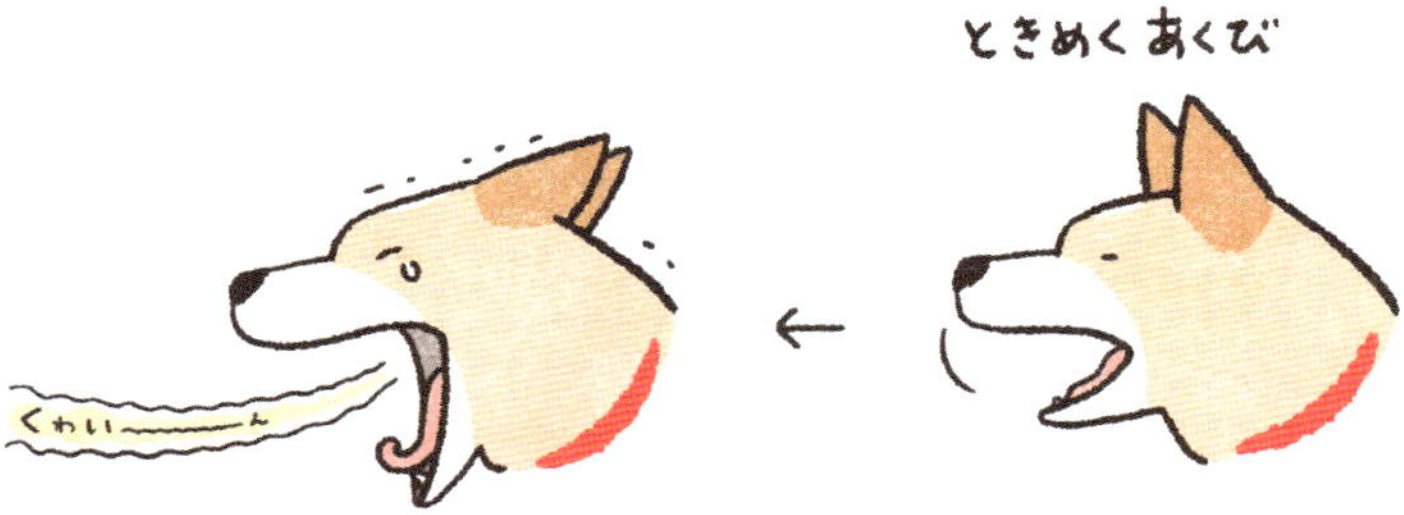
ときめくあくび
くわい〜〜〜〜ん

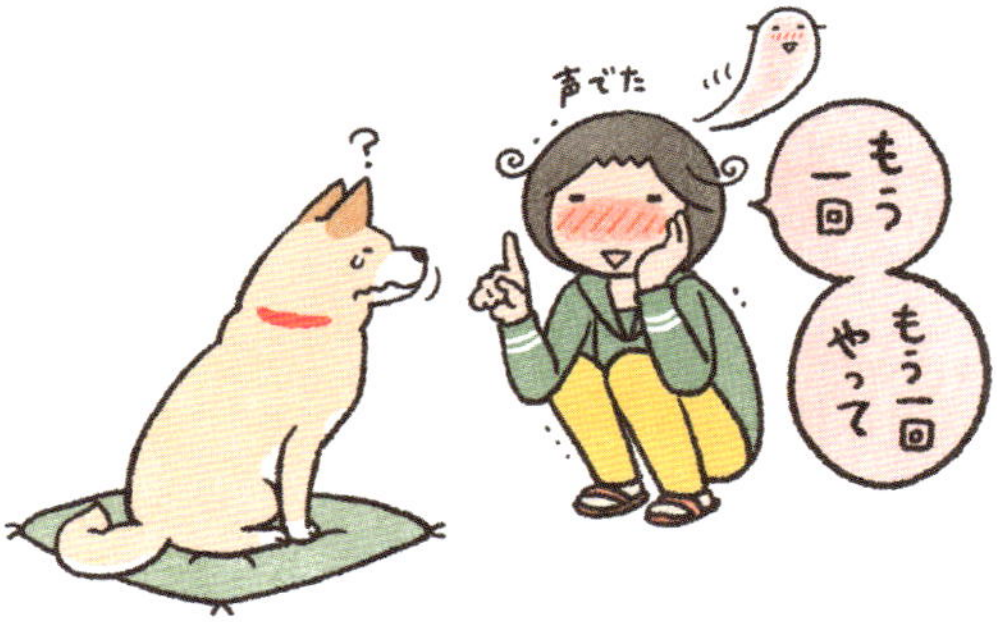
?
声でた
もう一回
もう一回やって

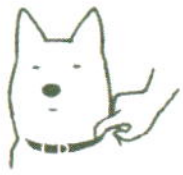

『キラキラスイッチ』

ちちと
バトル
がおー
ガガ
キラキラON
おとーさん
デンワー
おう
がおー
続きだぞー
OFF
コチ

『I need you』

ガタンゴトン
ガタンゴトン
バイトでいろいろあったらしい
私なんて
どうせ
何の役にも
ふらふら
カァカァ
立た
えん
え〜ん〜っ
え〜ん〜

『お手の真実』

ためしに犬の本を借りてみたけど
わりと知ってる事ばっかりだなー
ふーーん
犬が分かりまくる本

犬が分かりまくる本

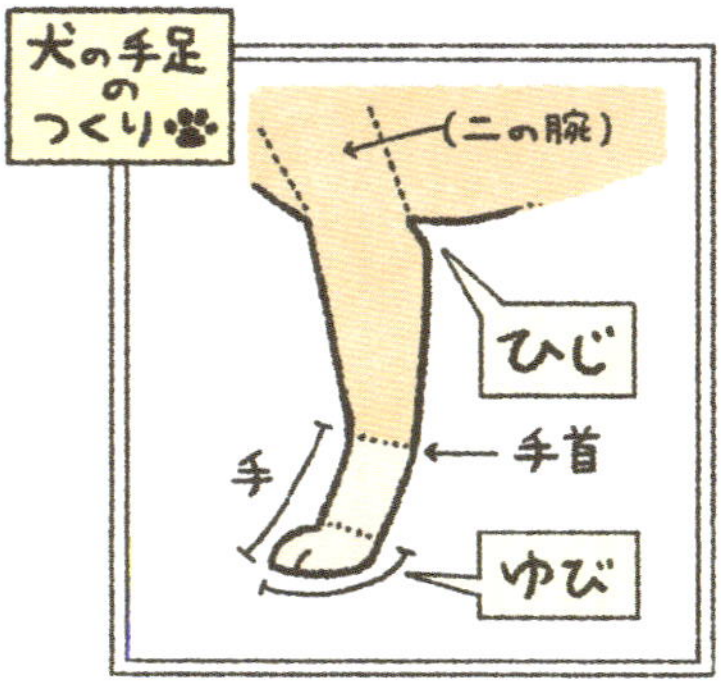
犬の手足のつくり
(二の腕)
ひじ
手首
手
ゆび

くすぐり
くすぐり
こちょ
こちょ
ガーーン
じゃあ 今まで
くすぐってたのは…
ヒジか!?
しかも…
てふ
おて
これは…
ガガーーーン
お手じゃない!
たふ
おユビだ!!
ちがう
ちがう
真のお手はもっと深く!
?
てふ

お題わんこシリーズ

ヤングとアダルト

アダルト犬		ヤング犬

Uの後

匠《たくみ》のうんキック

興奮のうんダッシュ

要求

一言一言に重みがある

多弁

お出迎え

一応迎えて

すぐ帰宅

チェックが厳しい

寝姿

見せ放題

決して見せない

犬相

少々ユルんで二重《ふたえ》がち

デコが広くてキリッ

尻に居座るアイツへの対応

広い心で受容する

存在を受け入れがたい

テンション

低すぎてむなしい時がある

高すぎて面倒な時がある

かわゆさ

かわいい

かわいい

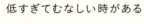

「飼い主分類表」

何も考えていない飼い主の場合	正しき飼い主の場合
ぶっちぎりで犬が先 	犬と人が並んで歩く 
指示される 	指示をよく聞く 
押し切られる 	待つ 
そうでもない 	主従がしっかりしている 

「レインコート」

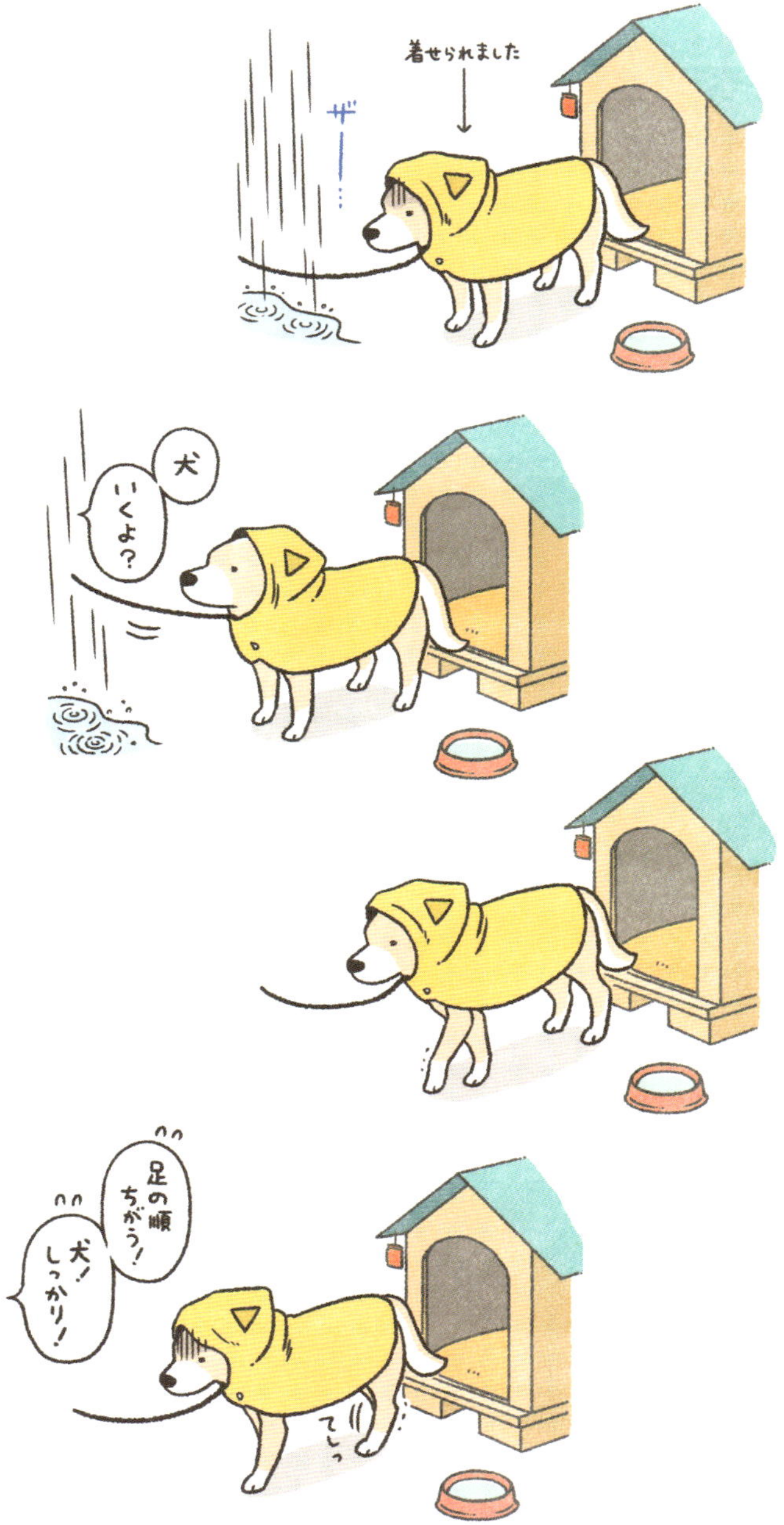
着せられました
ザー…
犬
いくよ？
足の順ちがう！
犬！しっかり！
てしっ

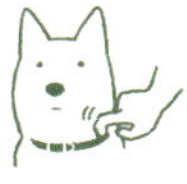

『濡れ犬爆弾　その1』

えーと
今日は…
ゴソゴソ
おやつBOX
すくめっ
これにし…
うっ
おやつ
フイッ…
ホラ
おやつ!!
サッ
ヴシャ
アアアア
ビシャ
ビシャ
ビシャ

『濡れ犬爆弾 その2』

今日もたっぷり濡れてるが
こんなバクダン持ちこんでなるものか
爆破処理すべし!
じーー
ピッ
ピッ
フー
フー

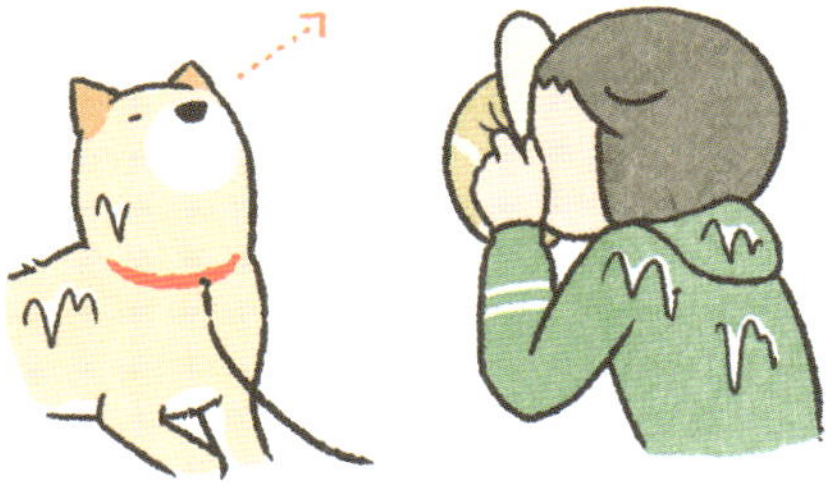

ガチャ
なんだ玄関先でゴソゴソ
さっさと入《はい》れて
あ
スイッ

うおおおお
ブシャアア
ビシ
ビシ
ビシ

『うちの推しワン』

犬飼いあるある
その①

家に
友人が来ると
全力で
犬を推す

その②

少々
遠慮気味
と見るや

無害を
全力で
アピール

などと
訊かれれば

かみま
せーん

その③

若干
無茶をしても
なお アピール

こんなんも
できるよ～
鼻パク!

その④

頼まれても
いないのに
芸を披露する

ポトッ

犬あるある

そういう時に
限って
乗らない

その⑤「いつもはできるん
だけどね !!」

『親切のつもり』

乾いた
ハナへの

水分補給

不可抗力で
こうなっちゃう
口を

閉めて
あげる

宙ぶらりんの
手を

ちゃんと
置いて
あげる

テンションと共に
下がりきった
しっぽを

押し上げて
やる！

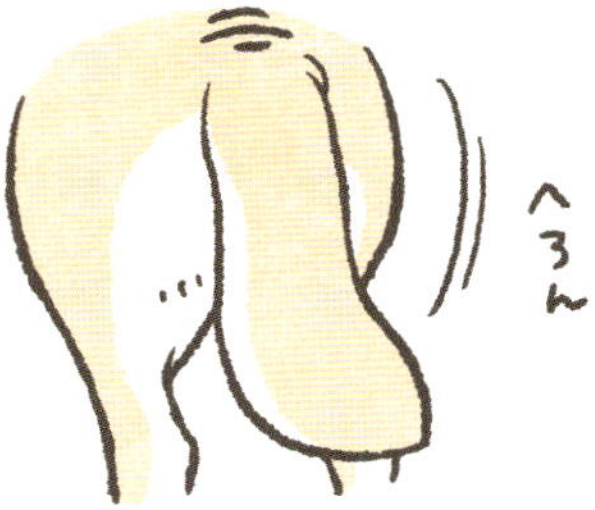

『ドッグフード日記』

月 日

ドッグフードを
買ってみる

好感触

月 日

他のも
ためす

月 日

つやつや
する

ポリポリポリ
カルシウム入りだって!

まりまりまり
DHA入りだって!

ホレまあ!
よー太って!!
ボン!
ボン!

肥える

飽きる

余る

「愛の格差」

※犬をもらってきた本人
たまに帰ってくるいとこ
いぬー

元気だった?
重たくなったねえ~~
スイッ

またあとでね

ビチビチビチ
重
たく
なっ

「犬、届く」

『犬、弧を描く』

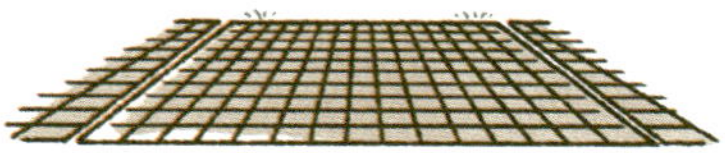

側溝のふた
（大きめ）

＋手前の
助走距離

＋溜め

イコール

バッ
←便乗
キラ
キラ
キラ

大ジャンプ

今日もいい跳びだね！
えっ
あっ
ふんす

（ちょっと有名）

おまけ
ぴょーーーん
オレもとんでる
えっ

「ジャストフィット」

ペロペロペロ

おて
すかっ

まみれ

『食い意地』

おーい
犬ー〜〜〜
にょっ
来たな
ほーら
お・イ・モ！
ぬっ
フフフ
ンマーーイ
ヒモ限界
ムシャムシャ
うらやましー
だろー
パクパク

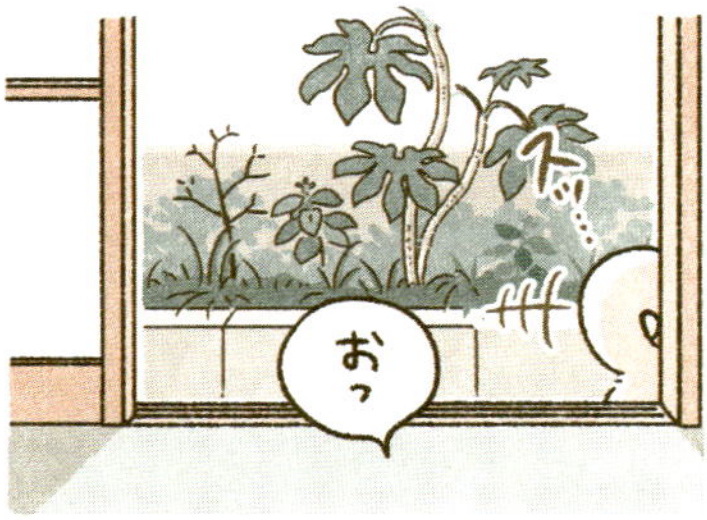
スッ…
おっ

し――ん
?

ズシャア
ギュン
ぎゃあ

飛びこんで来るかフツー
ドキドキ
食い意地ハンマーかおまいは！
あむあむ
プスプス

『おやつグルメ』

今おやつ探すから
待っててねー
カチャ
何かあったかなー
ゴソゴソ
はむ
(おやつランクA)
パク
ホイ
ホイ
パク
パタン
おまたせぇ

はい どうぞ
コト
パンの耳
(おやつランクC・今週3回目)
カジ…

「豆と犬」

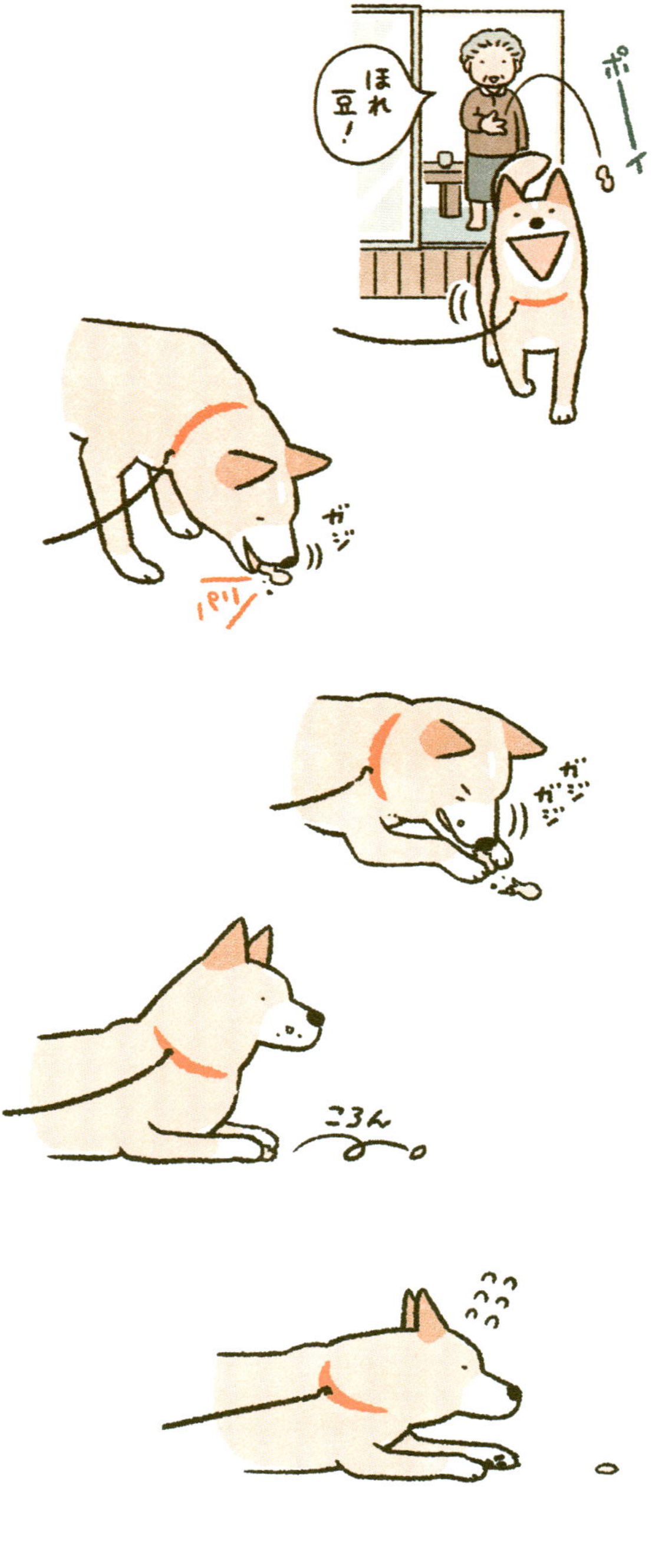

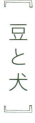

ガリ
ガリ
ガッ
な…
何が…
何がいるんだそこに…
んじーーー
ゴゴゴゴゴゴ

お題わんこシリーズ

犬と野性

犬に野性を感じる時

ホ

遠吠えしている時

雪が
くっつかないのを
見た時

着雪防止
加工!
パッ

ヴ

キバを見せつけられた時

ド派手に穴を
掘った時

ズドドドド
住む気か!

ガウ
ガウガウ

他の犬と
ガウりあった時

その穴で満足そうに
埋まっている時

くるりん
くるりん

寝る前にくるくる回った時
(※草むらなどを「ならす」仕草だそうです)

感じない時

こんな恰好で
寝ている時

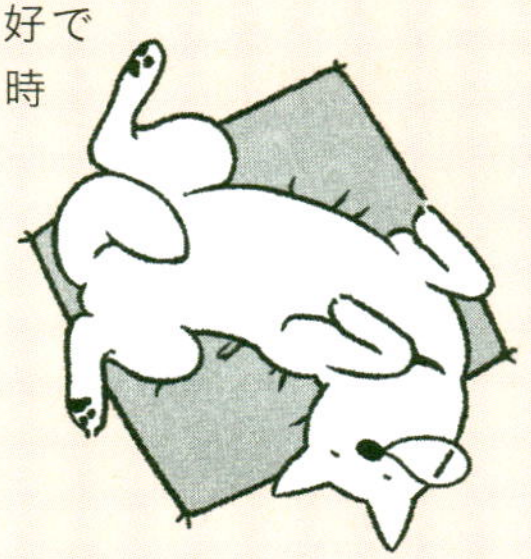

眠くて舟をこいでいる時

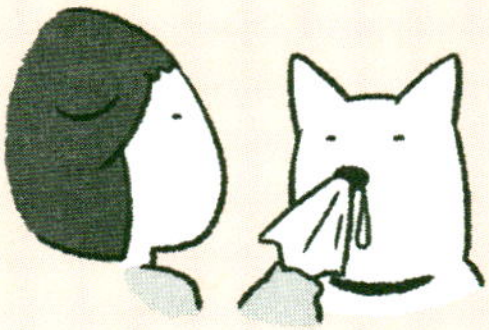

ハナをたらした時

背中を丸めて
ストーブに
当たっている時

テレビを見ていた時

みかんを
乗せても
無反応な時

肥えた時

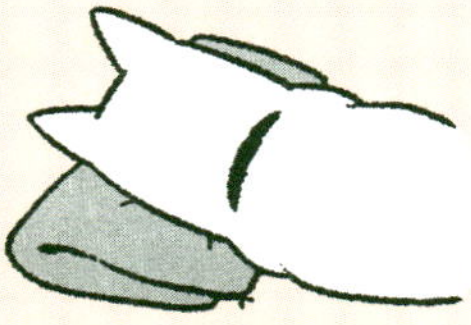

枕で寝ていた時

『こたつから犬を出すには』

こたつの中の
犬を出すには？
こたつ
犬吸い力
100pt
押し出す
犬出し力
0pt
ガッ
ギュッ
足
+20pt
ぷ～～ん
おやつ（ランクA）
+50pt
ぱくっ

と思いきや −50pt
ガジガジ

さんぽヒモ
+60pt

ホケキョ

春
+100pt

『犬、心を嗅ぐ』

一万円！
宝くじ
豆ちしき
人の感情は
発汗・代謝
などの変化から
化学物質として
外に出ていると
言われています

6ヶ月定期
落とした
単位も
25
不可

ペトッ

『花より…』

オーーカ
ランマーーン
待ちに待った
満開だ!

犬そこでマテね
マテよーー

カシャ

マテって言ってるでしょ!
ちゃんとマーーテ

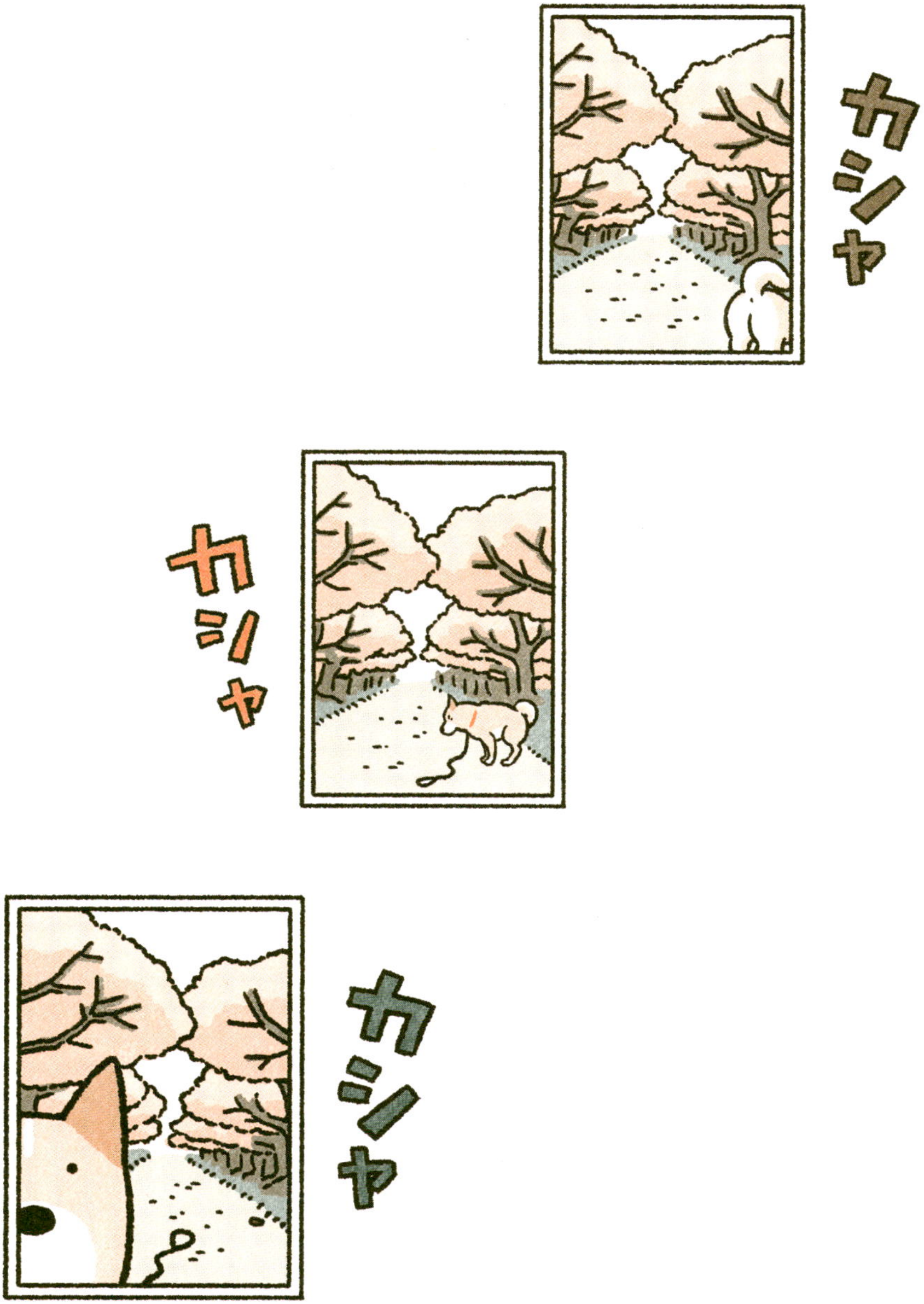
カシャ
カシャ
カシャ

『あまのじゃく』

でろーーーん
暑そう
冷たい板買ってきてあげたよ
犬猫用
ひんやり板
¥3,000
これで涼しいからね
そんならもう臨時座敷犬だー!
そよ〜
涼しいだろ〜〜

おろ
うろ
おろ

わん

不器用か！
でろーーーーん

『ビニールプール』

カー
さすがに
コレだけ
暑ければ
ジリ
ジリ

いくら水ギライ
でも入りたく
なるだろ
ホラ
プールだぞ
プール！
バーーン
ビニールプール
¥3,000

ちゃっこ
ちゃっこ
ちゃっこ

そうでは
なく
てぇ〜〜
ホラ!
冷たい!
涼しい!
やっぱ
夏は
ザップ
ザップ
これっプ
ザッパ
ツルン
ちゃっこ
ちゃっこ
ちゃっこ
ップ

『お盆の犬』

ドヤドヤ
こんちはー
親戚一同
わいわい

わーいぬー
よしよし
ぴょん
ぴょん

おひさしぶりー
いぬねたー
ごぶさたしておりますー
ごろーーんぬ

あ——
おば——
ちゃ——ん
ドドド
えん

『残暑と犬』

と 呼んでも

起動に時間が
かかる

涼を求めて
打ち水を
すると

露骨に
嫌がられる

姿が
見えないと

こんな
ところとか

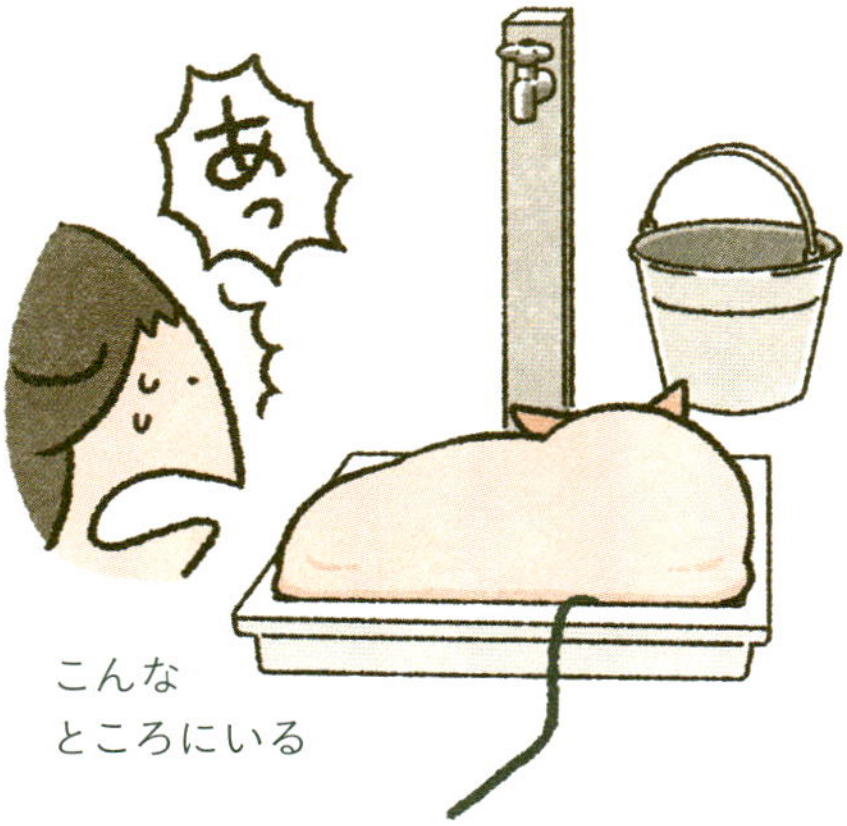

こんな
ところにいる

『バカだらけ　その2』

取りづらいな
スッキリ!
ゴロン!
よっと

ぎゃあ
むしだらけ
わらわらわらわら

何でも不用意にめくるとキケンだね
ゲッソリ
こんな時は…
ガサガサ

※バカ…くっつく草のタネのこと。前巻P75参照

『犬、草を食《は》む』

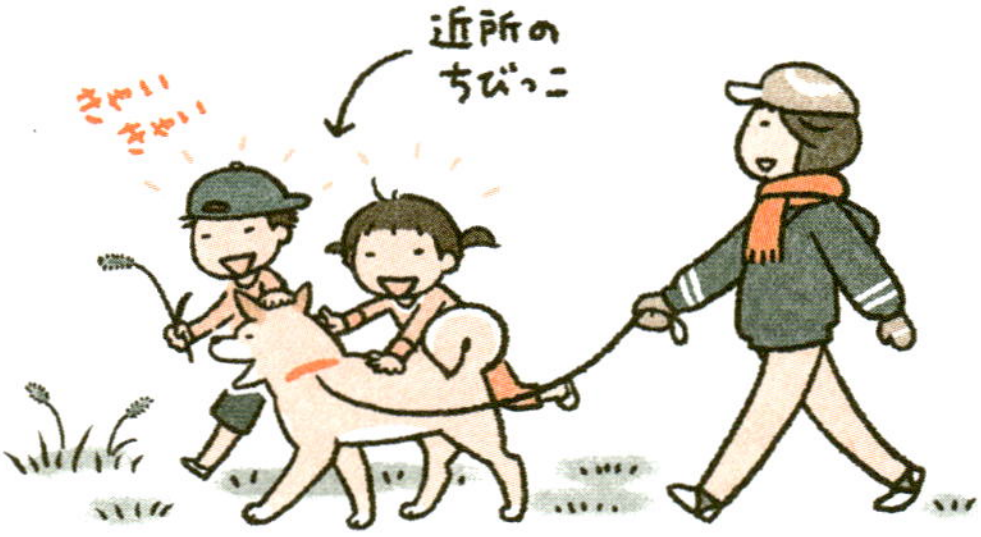

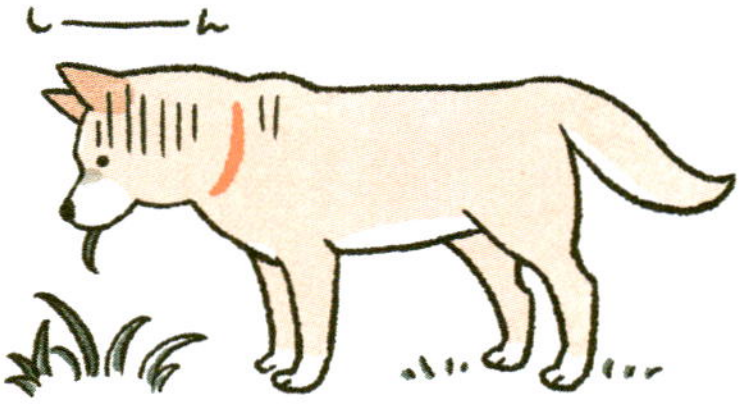

①ゲロモードになる

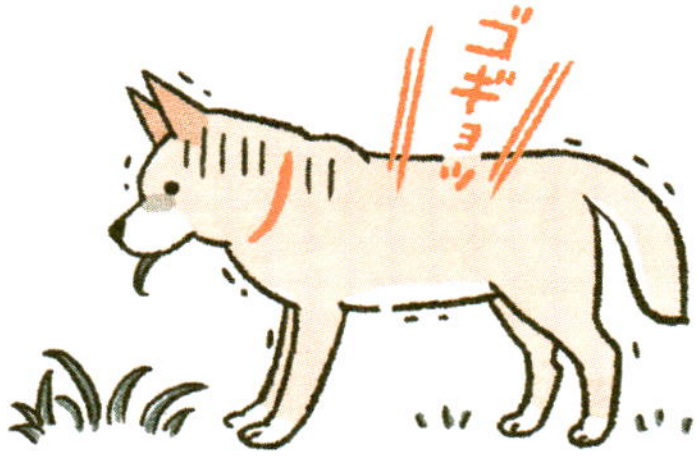

②お腹からすごい音

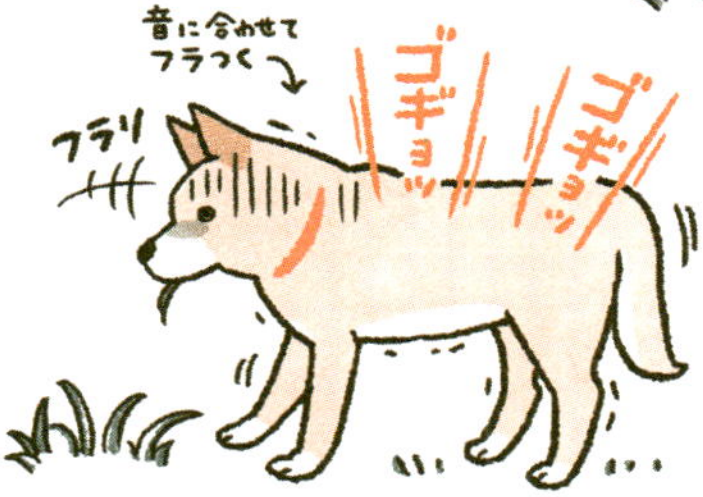

③音がくり返し、
だんだん強くなる

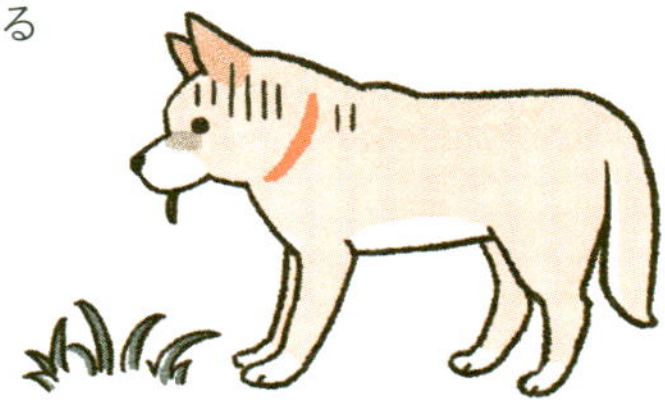

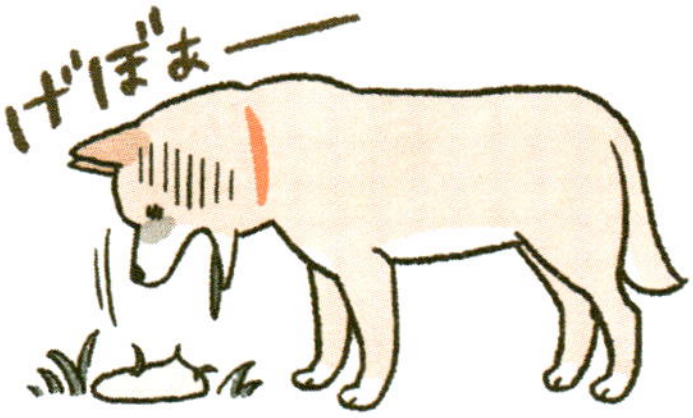

④一気にアウト

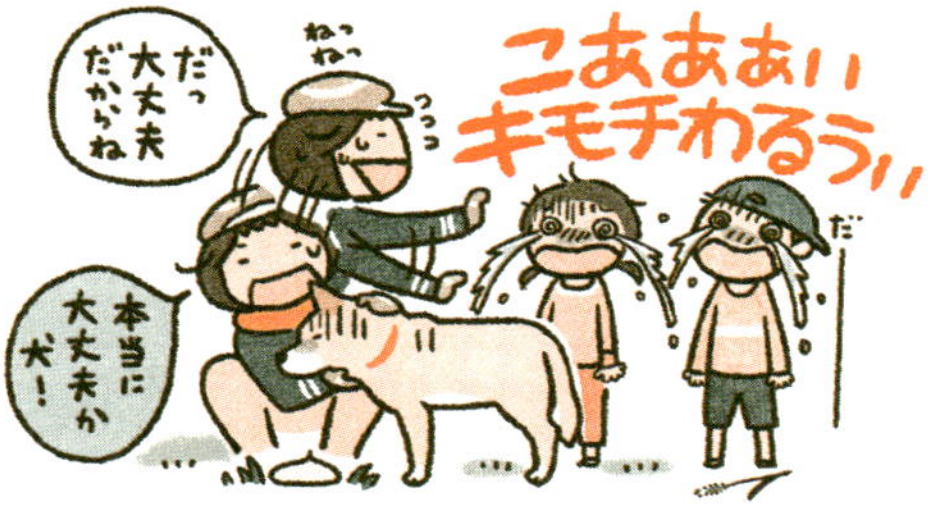

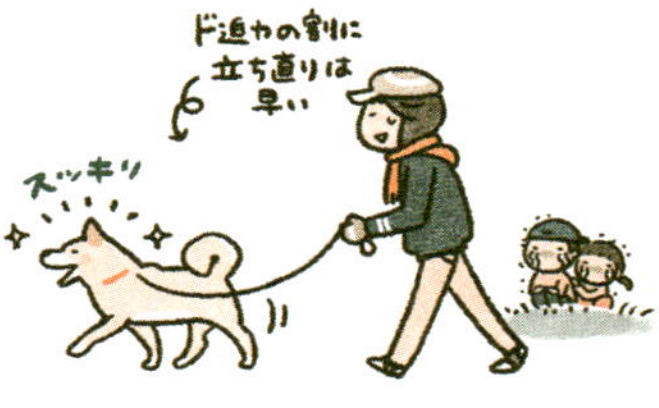

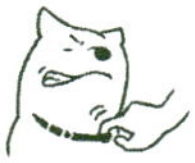

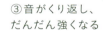

『断熱効果』

さーみすけ
犬小屋にカーテン付けてくろた
ぴゅう
あったかそう

そー

これはきっと気付いてないな
zzz
こんなに近くにいるのに
フフフ

犬を呼ばずに
犬に気付かれようという
こころみ
はあぁぁ
ハンドパワー

ファッ
ファッ
カホリ
ブリ
ブリ
カホリ
ぴゅうう
いー
ぬ
すうっ
ハン

『フイ打ち大作戦』

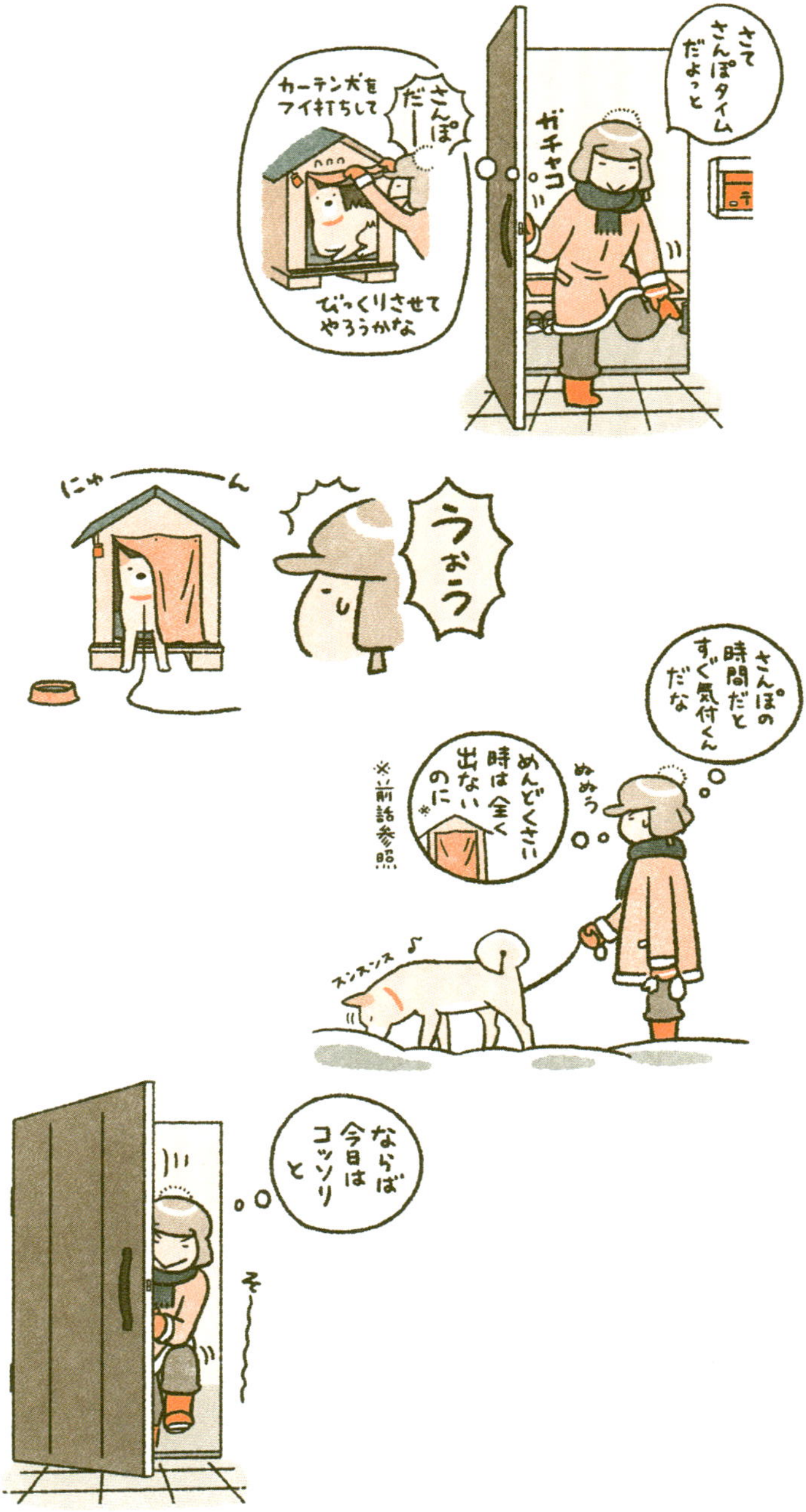

さて さんぽタイム だよっと
ガチャコ
カーテン犬を フイ打ちして
さんぽ だーー
びっくりさせて やろうかな
にゃーーーーん
うおう
さんぽの 時間だと すぐ気付くんだな
ぬぬう
めんどくさい 時は全く 出ないのに ※
※前話参照
スンスンス ♪
ならば 今日は コッソリ と
そーーーー

にょいーーーーん
むう

さすがは犬め
それなら離れた所から
徹底的に気配を消して…
そおおお
げんかん
いぬ
こっち

フフフ
今日こそ勝っ…

なっ何ィ
すべてお嗅ぎ通しだとォ

『雪と犬』

スリスリが
止まらなくて

どこまでも
行く

犬だけ
どんどん
高くなり

仕方なく
登ると

結構
はずかしい

ハイテンションの
犬に

ハイテンションを
ぶつけると

相殺
される

『スイッチオン』

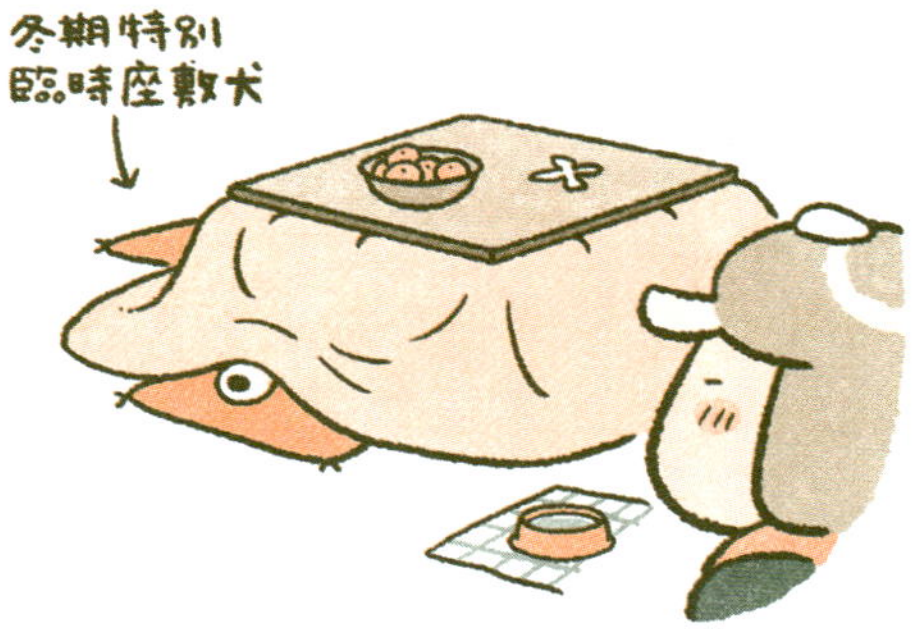

少しは動け!
PUSH
ピッ

ぺろんぬ

「犬、こだわる」

ゴー
さみーよーー
早くしてよーー
スンスンスンスン
じゅんびはばんたん
ゴオォオオォウ
やっぱりあっち?
ゴオオオォオオ
うろ
うろ
うろ
スンスンスンスン
ゴー
もう限界なんですけどー

ゴォォォォ

おっ！
ザッ
ザッ
決意の
こもった
足どり

一体どうしろと
この残ウ○感を！
ジカイニ
モチコシーーーン

『不器用な鬼退治』

不審者が

どんなに
ほえても

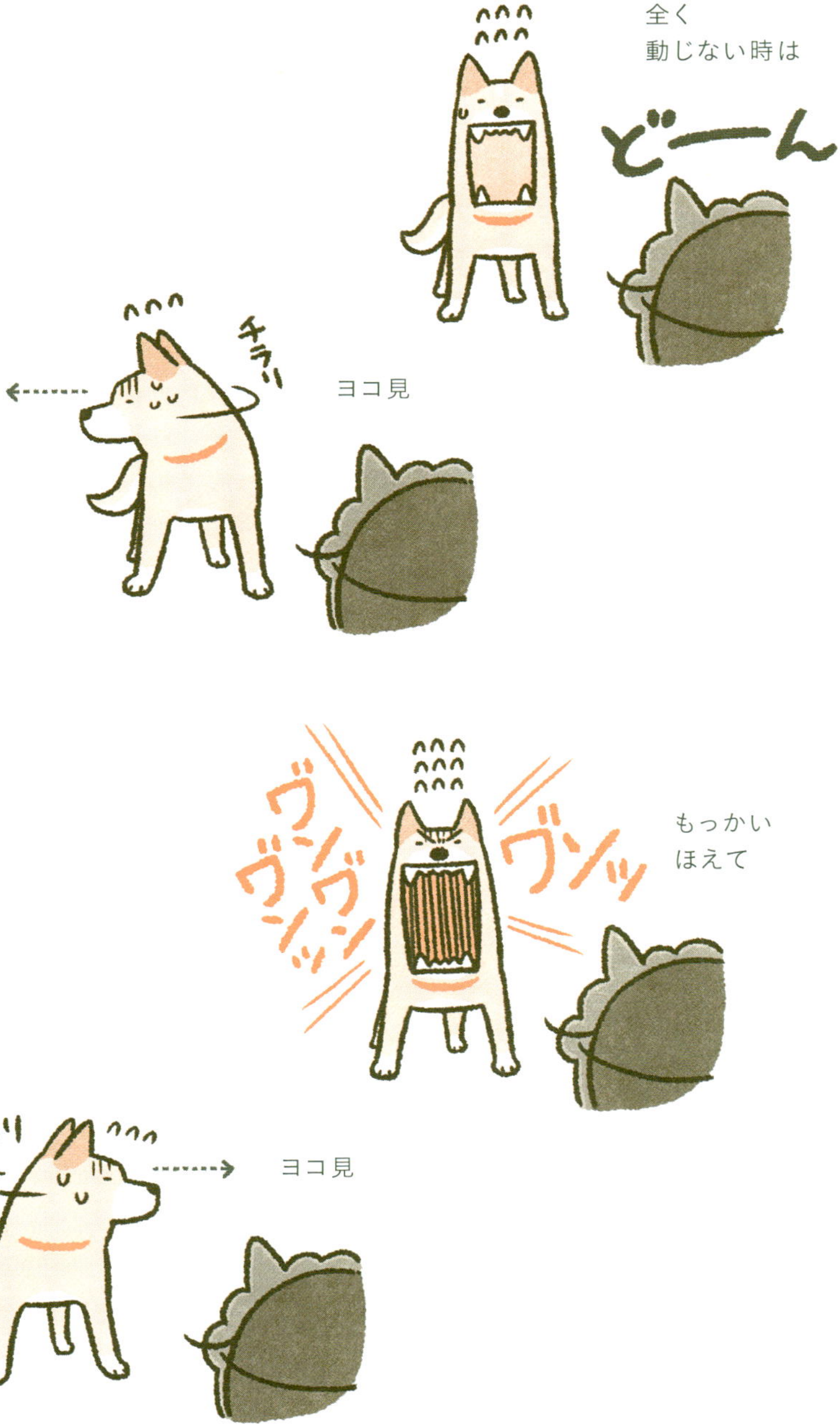
全く
動じない時は
どーん
チラリ
ヨコ見
もっかい
ほえて
ヴンヴン
ヴンッ
ヴンッ
チラリ
ヨコ見

『埋め埋めフローチャート』

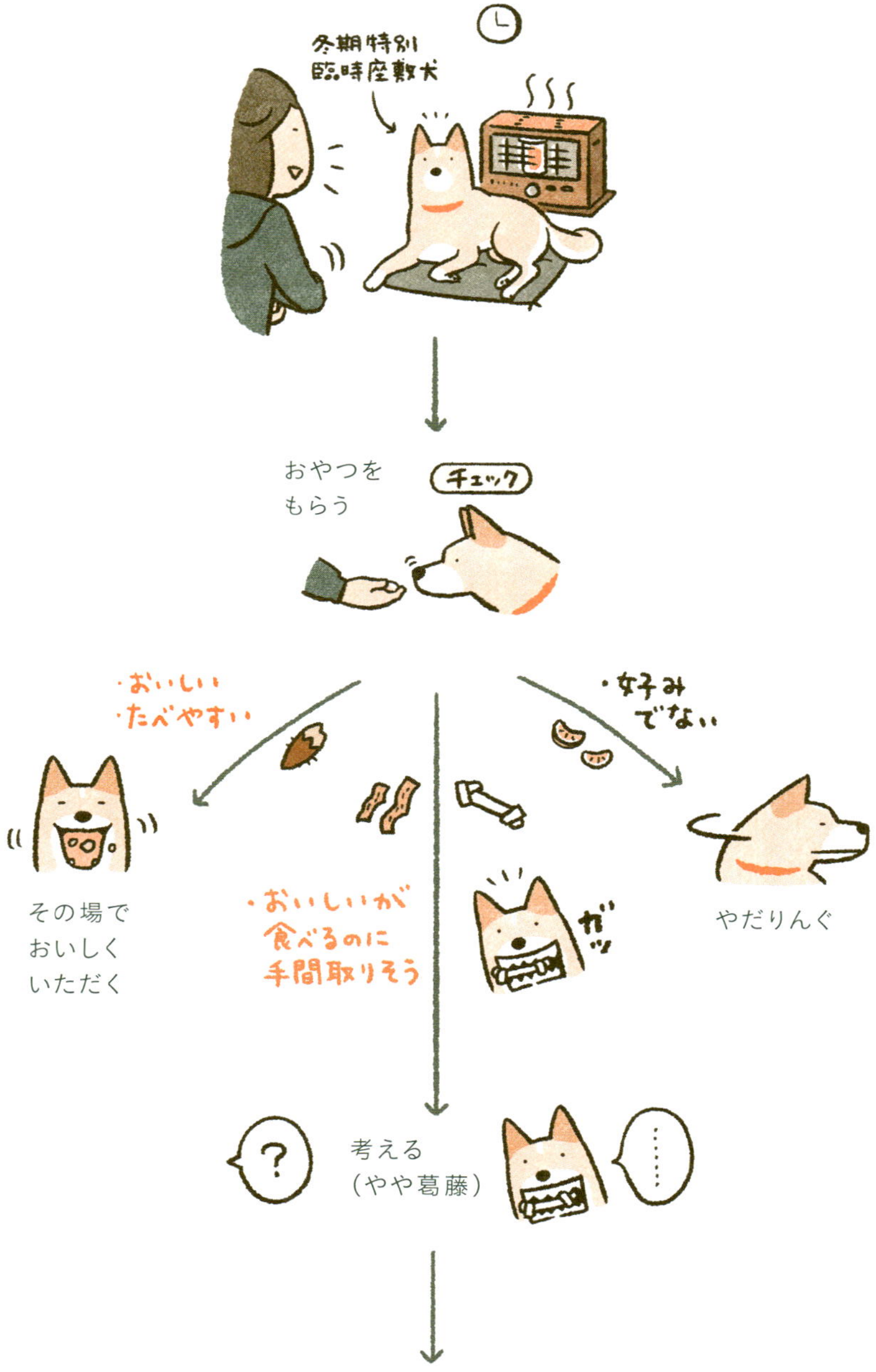

冬期特別臨時座敷犬
おやつをもらう
チェック
・おいしい
・たべやすい
その場でおいしくいただく
・おいしいが食べるのに手間取りそう
ガッ
・好みでない
やだりんぐ
考える（やや葛藤）
?
……

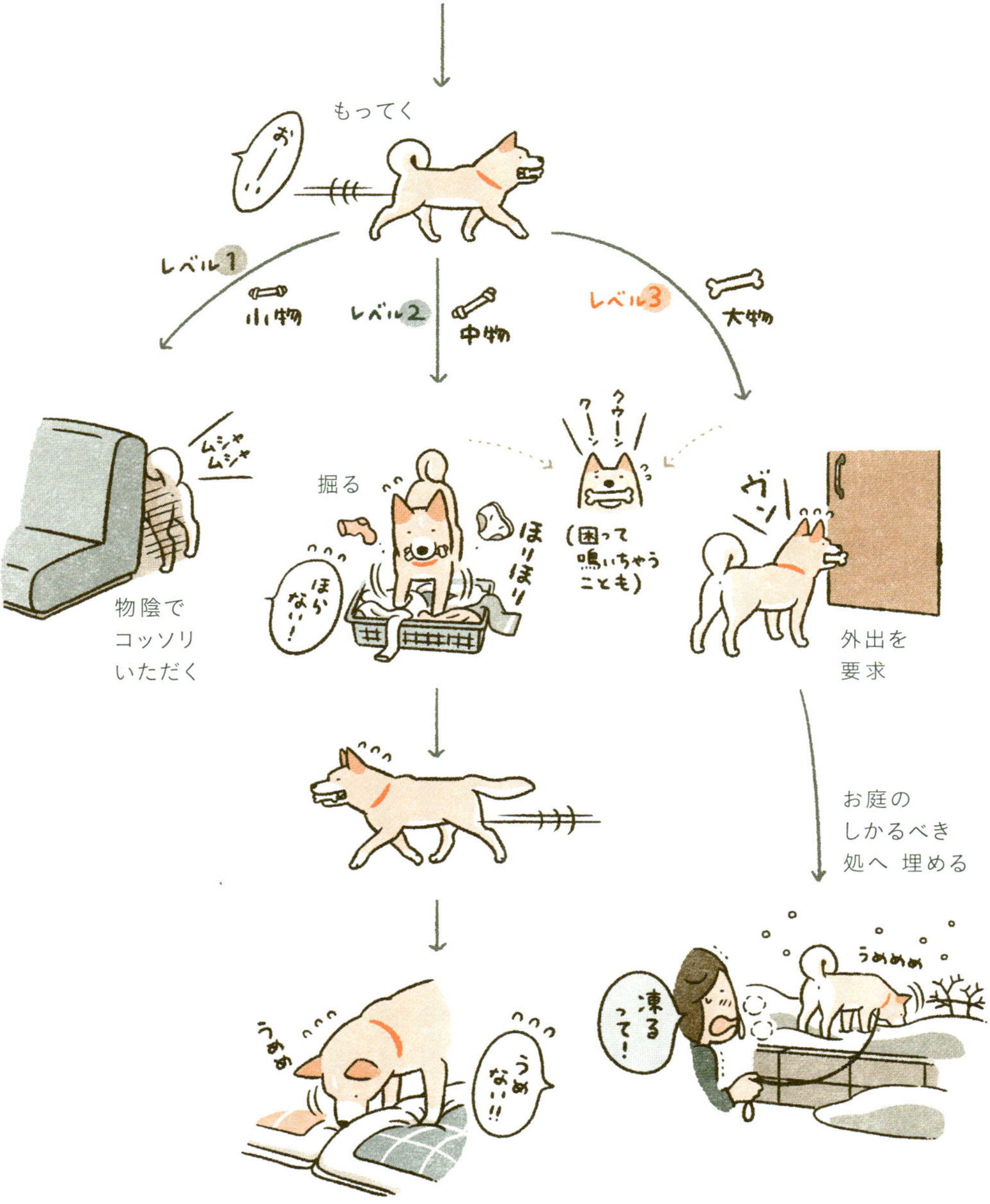
もってく
おー!!
レベル1
小物
レベル2
中物
レベル3
大物
ムシャムシャ
物陰で
コッソリ
いただく
掘る
ほらない!
ほりほり
クーン
クウーン
(困って
鳴いちゃう
ことも)
ヴン
外出を
要求
お庭の
しかるべき
処へ 埋める
凍るって!
うめめめ
うめめ
うめない!!

「犬色の加湿」

わあ また※
もく もく もく
冬期→(略)
※前巻P80参照
あれ
コゲ臭くは ないな…
ユゲ(犬水分) なのか!
もく もく
シュッ シュッ
もく もく もく
もわあぁぁぁ
?
ノリダー
カーニバル

「犬、案じる」

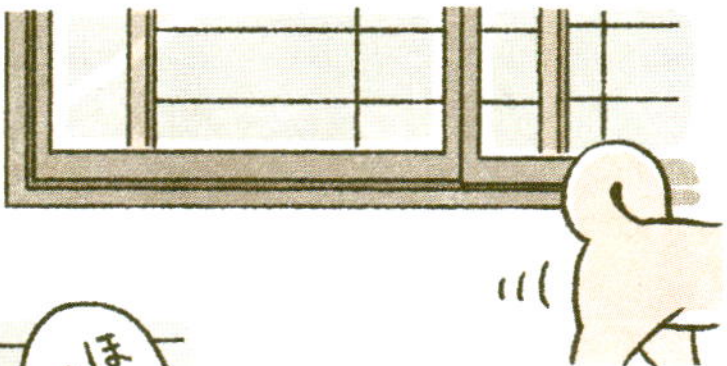

『そよそよ』

サンポだぞ
ペット大集合！
わん
あんなにしっぽを振って！
コホ
いいなあ
まだカゼ

しばらく見てないなあんなの
コホ
まあうちの仏頂犬じゃな…
……

やっとなおった
チュンチュン

いーぬ
久々にさんぽ
行こうか？

そよ

星空には
犬が4匹もいるのだ!

犬の星座を見てみよう!

その1 おおいぬ座

見ごろ 1月～3月

完成度が高い!

形が雑な他の星座に比べるとかなり犬っぽいぞ。

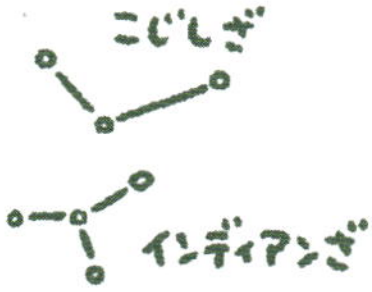
こじしざ
インディアンざ

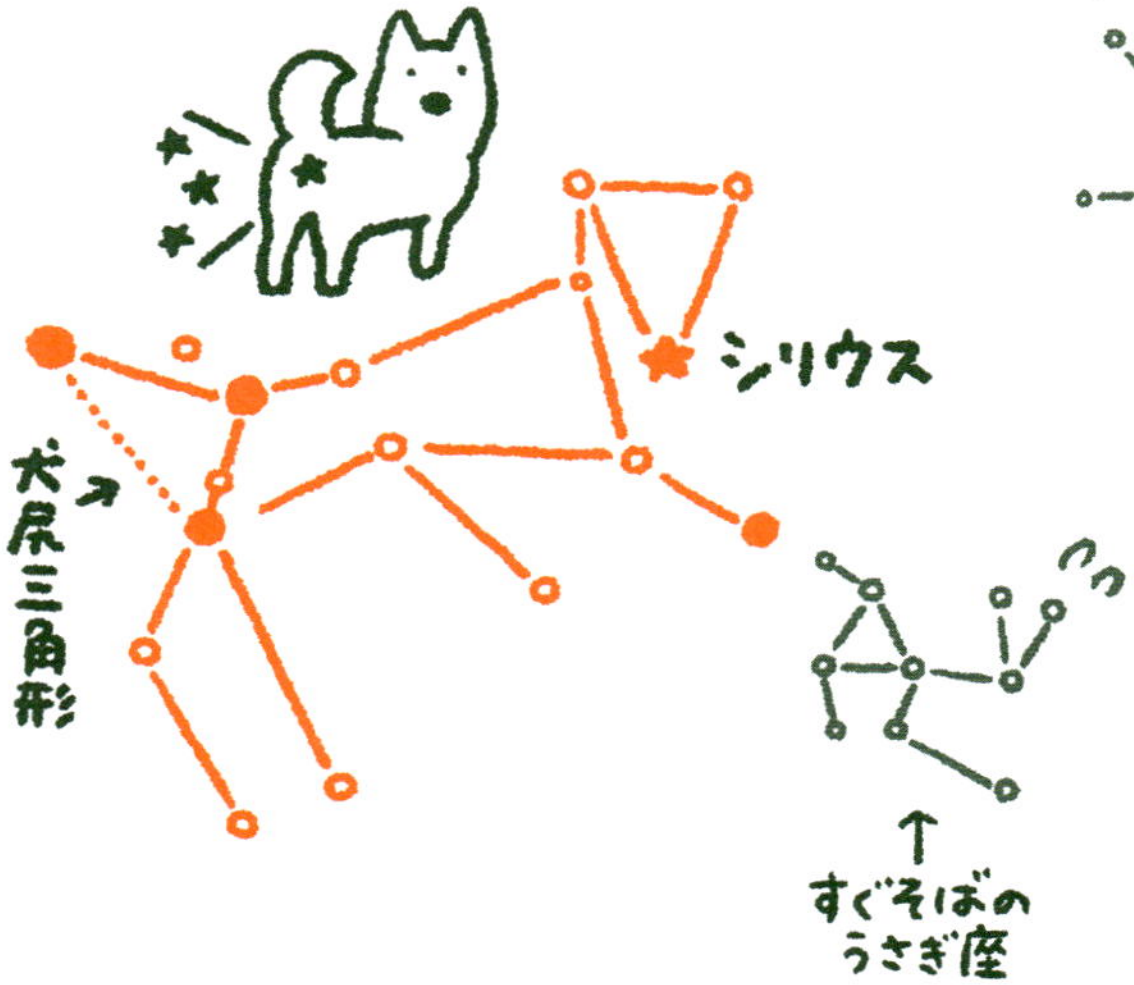
シリウス
犬尻三角形
すぐそばの
うさぎ座

犬尻三角形!

犬の尻には二等星でできたきれいな三角形があるぞ。シリウスの横にこれが見えたら**「犬尻だ!」**と叫ぼう。

一等星シリウス!

21個の一等星の中で最も明るいぞ。一等星と言っても実際は−1.5等と、2位のカノープス(−0.7等)よりずっと明るいのだ。冬の空ではげしく瞬いて色が変わって見えるので「絵の具星」という別名があるぞ。

その2 こいぬ座

見ごろ 1月～4月

一等星プロキオン！

全一等星の中で8番目に明るいぞ(0.4等)。シリウスより先にのぼることから、「犬のさきがけ」という意味のギリシア語が語源。

冬の大三角形！

プロキオン―シリウス―ベテルギウスと結ぶと、かの有名な冬の大三角形ができるぞ。

その3 りょうけん座

見ごろ 3月～8月

実は2匹！

うしかいの連れた二匹の猟犬を表す星座だぞ。

二等星コル・カロリ！

二等星は「チャールズの心臓」という意味のコル・カロリという呼び名があるぞ。
言えるとカッコいい！

ちなみに

他の犬科の星座

他の犬科1 おおかみ座

目立たない上、日本からでは地平線ギリギリで見えにくいので、見えたらラッキー！

他の犬科2 こぎつね座

すべて四等星以下なので、なかなか見えないレアな星座だ！　夏の大三角形の中にあるぞ。

お題わんこシリーズ

犬のコダワリ

イモは
好きだが

その他の野菜は
食べない

どんなに待ちわびた散歩でも

帰る時の切りかえは早い

散歩の後は
必ずおやつを要求するが

食べ終わったら
とっとと帰る

一度おやつをもらった家は
決して忘れず

待つと決めたら
テコでも動かない

ぴょんす
すっぴょん

水たまりとアミアミは
決して踏まない

家では絶対に
CもUもしない

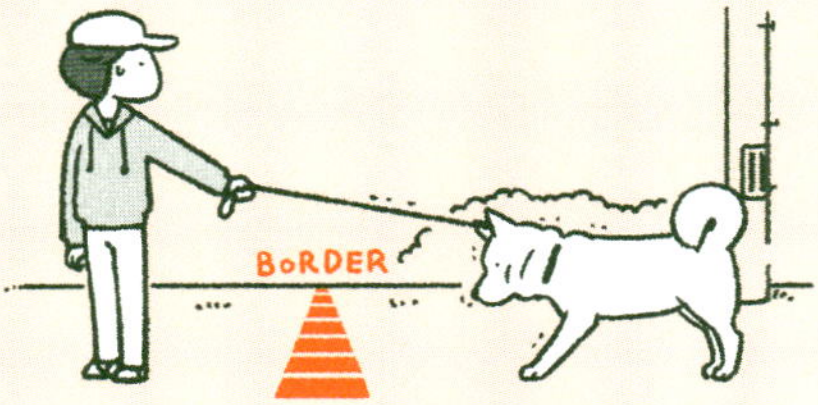
BORDER

境界線（ヒトには見えない）
からは頑なに出ない

いつもの散歩コースの

なぜか地下道では
ターボがかかる

走ろ！
テケテケテケ

一緒に走ろうとうながしても
早歩きが関の山だが

河川敷でも
かかる

『犬種別飼い主例』

ケース1
さんぽタイム
パピヨン
カーディガン
ロングスカート
こじゃれたおくつ

ケース2
さんぽタイム
トイプードル×2
高そうなコート
ミラーレス一眼
はやりのパンツ

ケース3
さんぽタイム
柴犬
農協の帽子
着古したアノラック
泥っぽいズック

ケース4
さんぽタイム
雑種
中学からかぶり続けてる帽子
毎日同じ犬着
毛
犬用ズボン
うん○ふんだくつ

※組みあわせはあくまでイメージです。

「ちょい余《あま》」

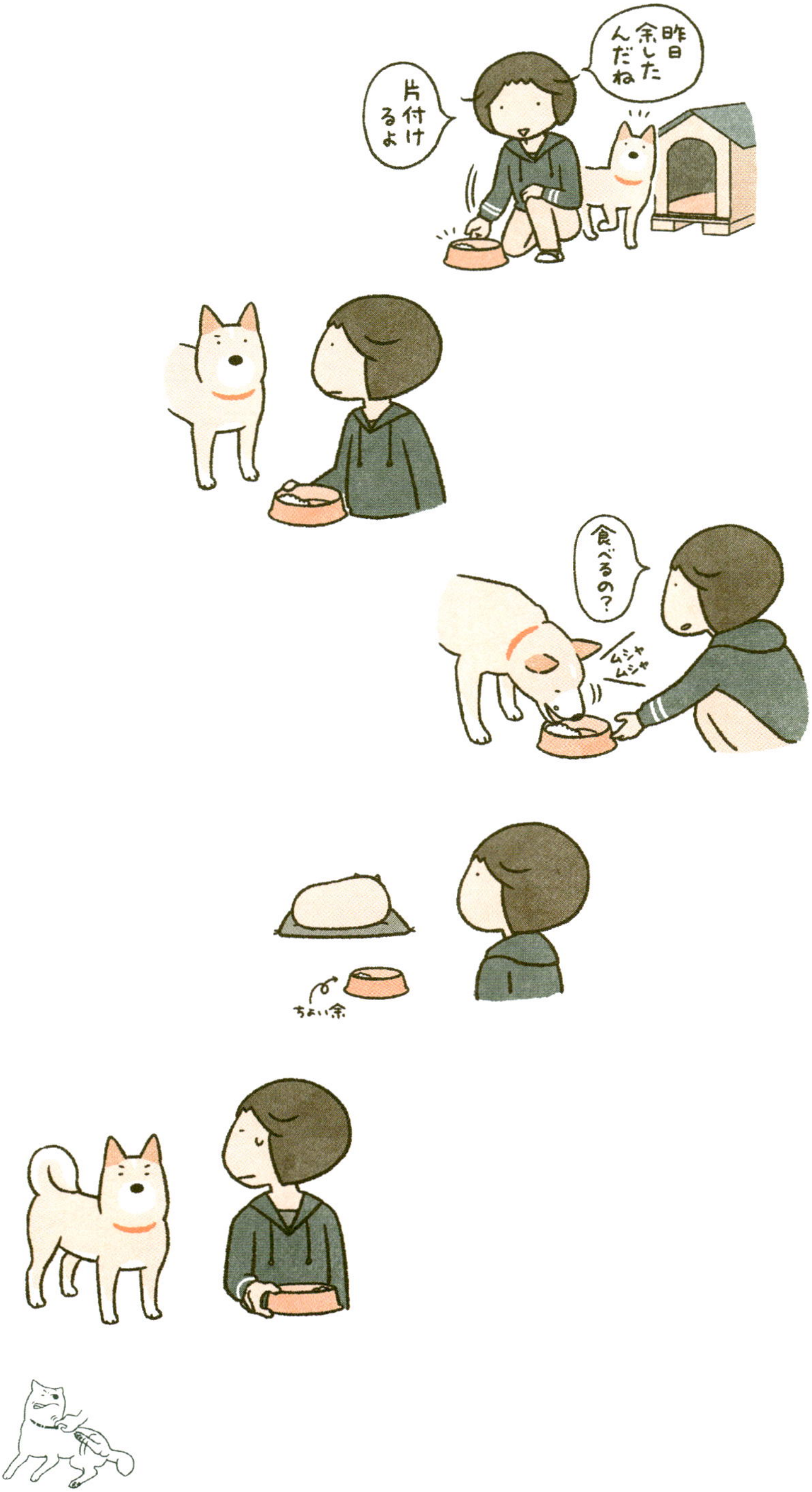

昨日余したんだね
片付けるよ
食べるの？
ムシャムシャ
ちょい余

『やつあたり』

わしわしわし
洗濯された
ブルブルブル
ブルブルブルブ
もう ほぼ乾いたでしょうがよ
ガジガジガジ
ンゴロンゴロンゴロ
ブルブ
ゴン
ヴン

『ワタアメとマグロ』

ビチビチビチ
マトモに抱かせてもらったタメシがないんです
あら
うちのメロン抱いてみなさる?
ワン
↑ご近所のおくさま
わあ
ひょい
軽…
ワンワン
…すぎる!
なんだこのフニャフニャな体は!!
Ooo
フニャ
フニャ
骨は!?
あんなワタアメ※犬を抱いた内に入らないな
フンス
やっぱり犬ってのは…
※偏見です。
こう
ビチビチビチ

『犬飼いの自信』

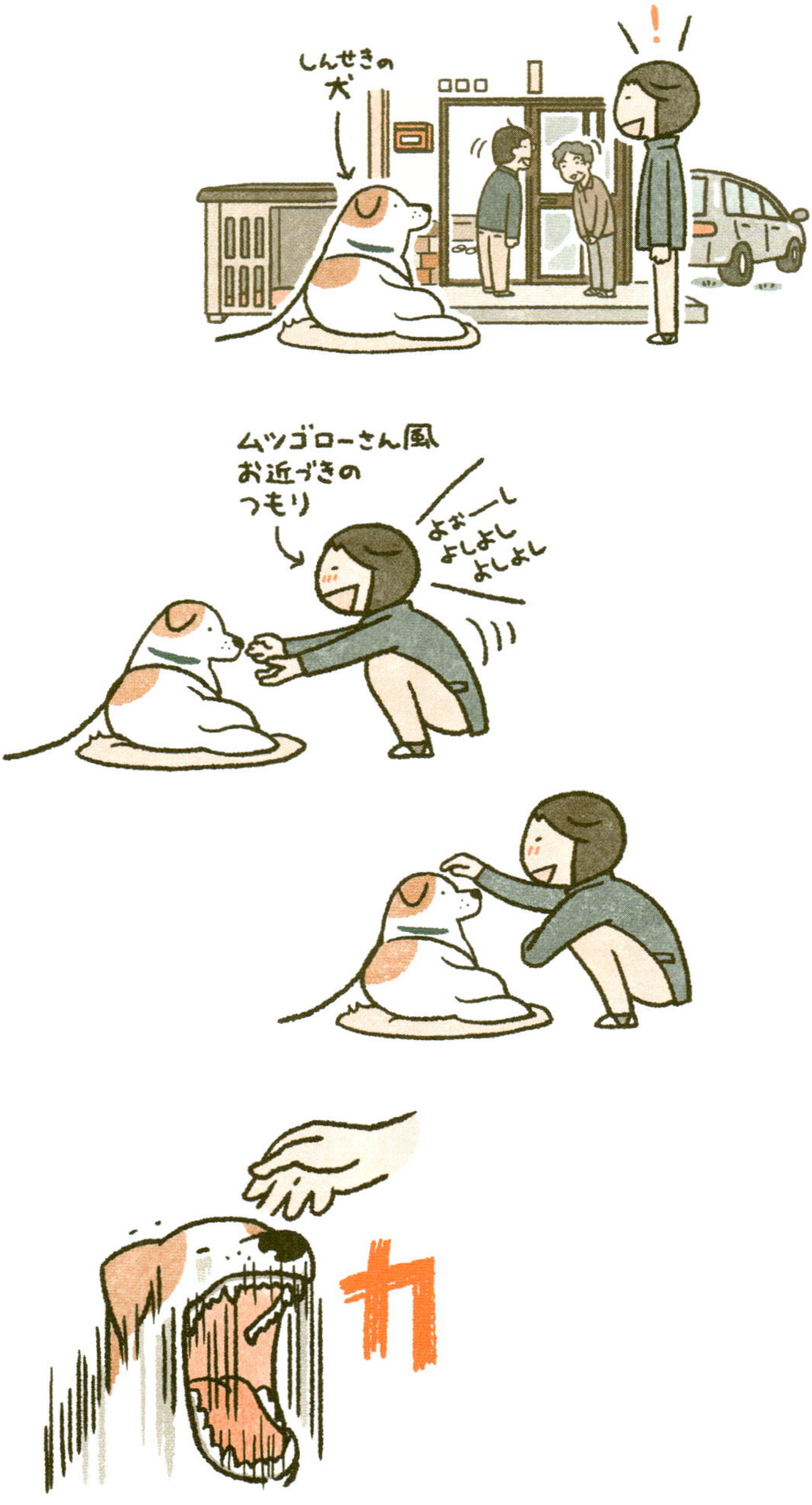
しんせきの犬
ムツゴローさん風
お近づきの
つもり
よぉーし
よしよし
よしよし
カ

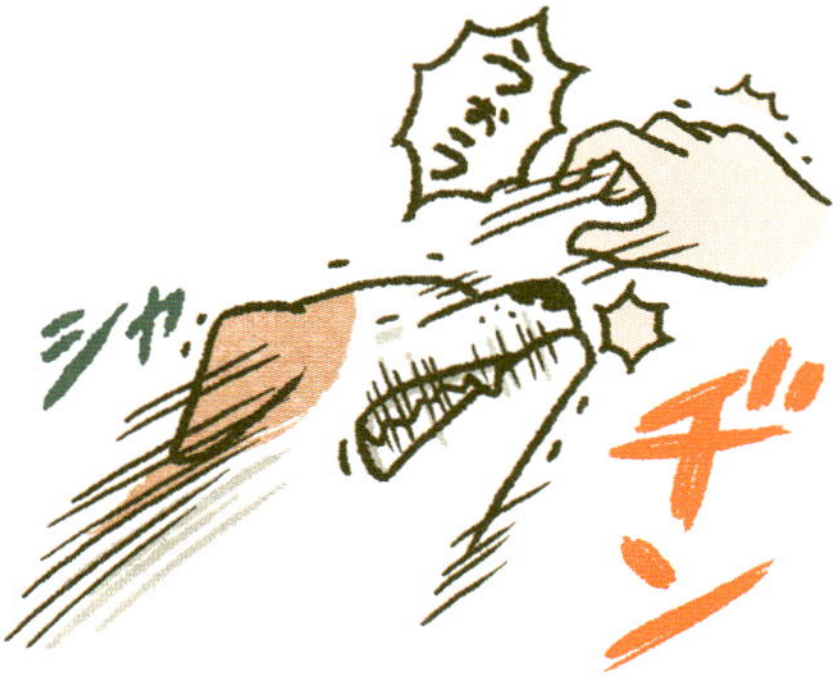
シャ
ヂン

あっ ゴキゲン斜め なのね
そそそ そう

バクゼンと持っていた
犬飼いの自信が
思いがけずこわれた
おと
ガシャン

なでなでなでなでなでなで
プスプス

「番犬のお作法」

（おくつろぎ中）

①耳に力が入る

②立ち上がり

③ちっちゃい吠え

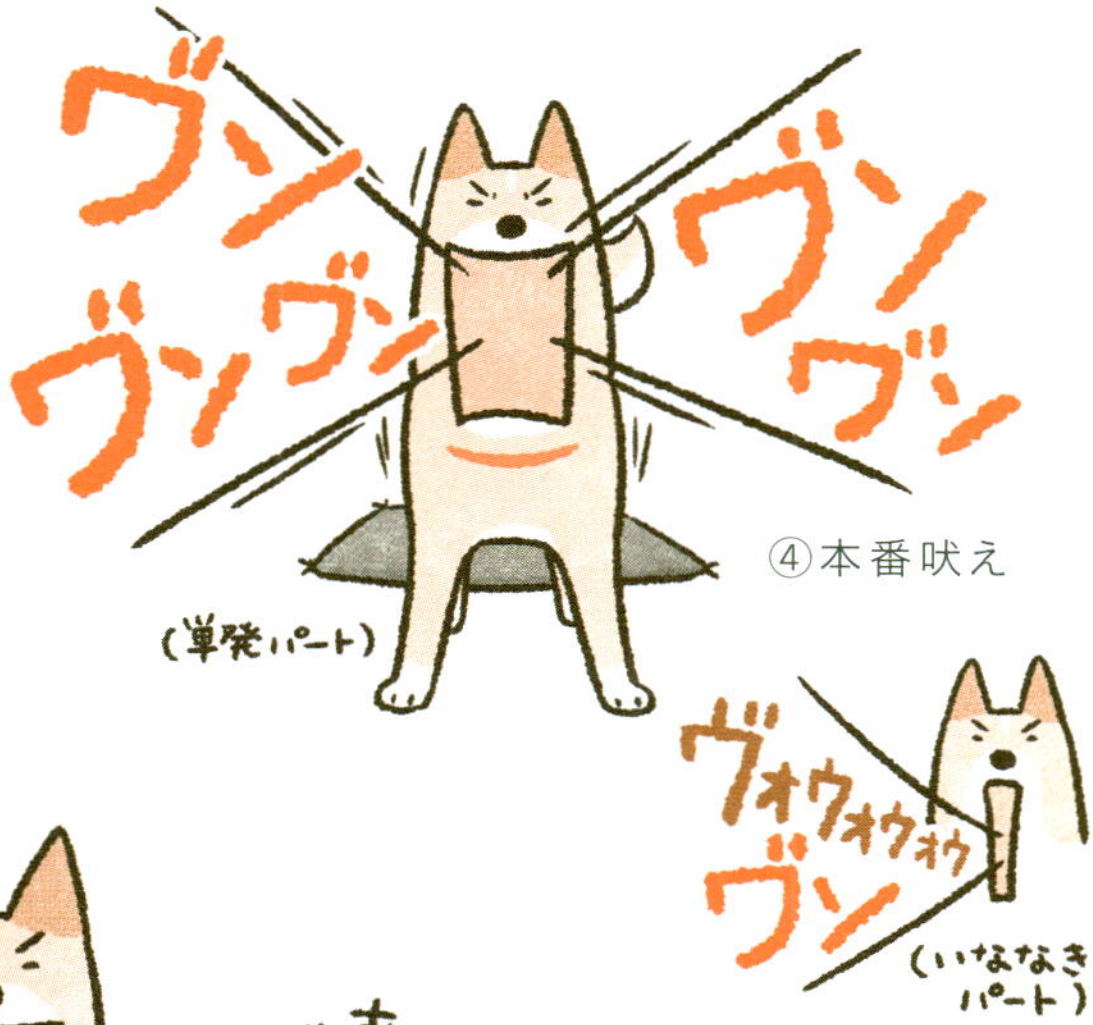
ヴン
ヴンヴン
ヴン
ヴン
(単発パート)
ヴォウォウォウォウ
ヴン
(いななきパート)

④本番吠え

ヴン
ありがとうございましたー
バタン

ガッ
ブロロロ…

ヴォフ!

⑤吠え残り
排出

『犬、ちょっとやりづらい』

ォ
チラ
ん?

カン
カン
ウ
オ
カン
おほー
おおおー
おやおや
↑やじうま
↑やじうま

ォ
チラリ
人目は気にしなくても!
いいから!
犬!

『わんクッション』

怖くて
直視できない
ものは
とりあえず
犬に見てもらう

怖くて
直視できない
ものは
とりあえず
犬に見てもらう

『わかる・わからない』

骨をかじる
カジカジ
わかる

切った自分のツメをかじる
ミャリミャリ
わからない

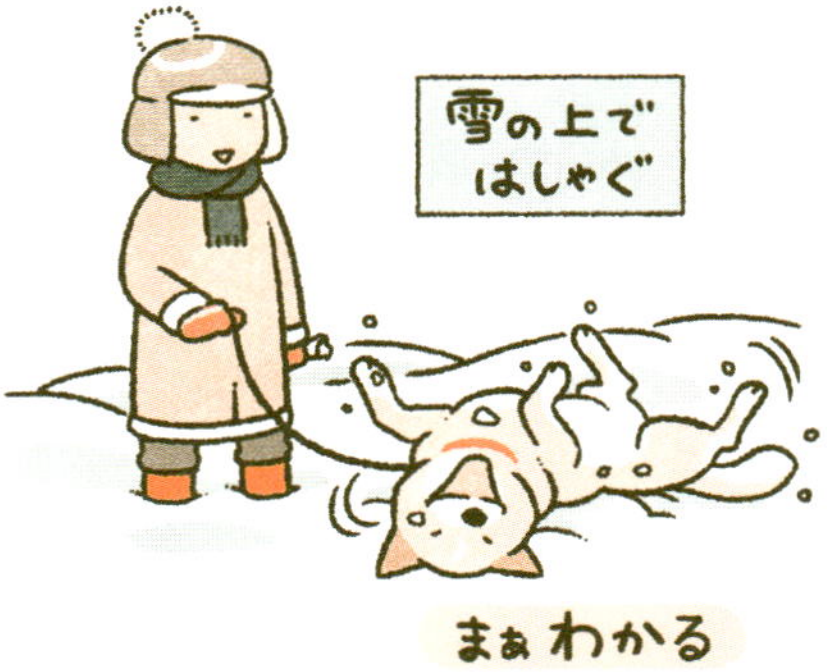
雪の上ではしゃぐ
まぁわかる

乾いたミミズの上ではしゃぐ
わからない

小屋の端を
枕にして寝る
高くない？
わからない
でもない
わざわざ
人の
くるりん
足を枕に
して寝る
のん
よく わからない
けど
幸せ

お題わんこシリーズ

犬を想うとき

外食でお肉が余った時

すてきな
空き地を
見つけた時

ひとりでイモを食べる時

地震で
揺れている時

マイクロファイバーの
毛布をさわった時

寒い時

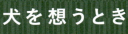

強風の
影響で

帰りの電車が遅れて
散歩に行けない時

道でひからびたミミズを
見た時

カピーーーン

ヨーグルトを
食べ切った時

なんと
かじりやす
そうな

手ごろなサイズの
ざぶとんを
見つけた時

えん
今ごろ…
ムズ

旅行などで
散歩に行けない時

ワオー
!
ウーーー

消防車が
走って行くのを
見た時

『おともだちをどうぞ』

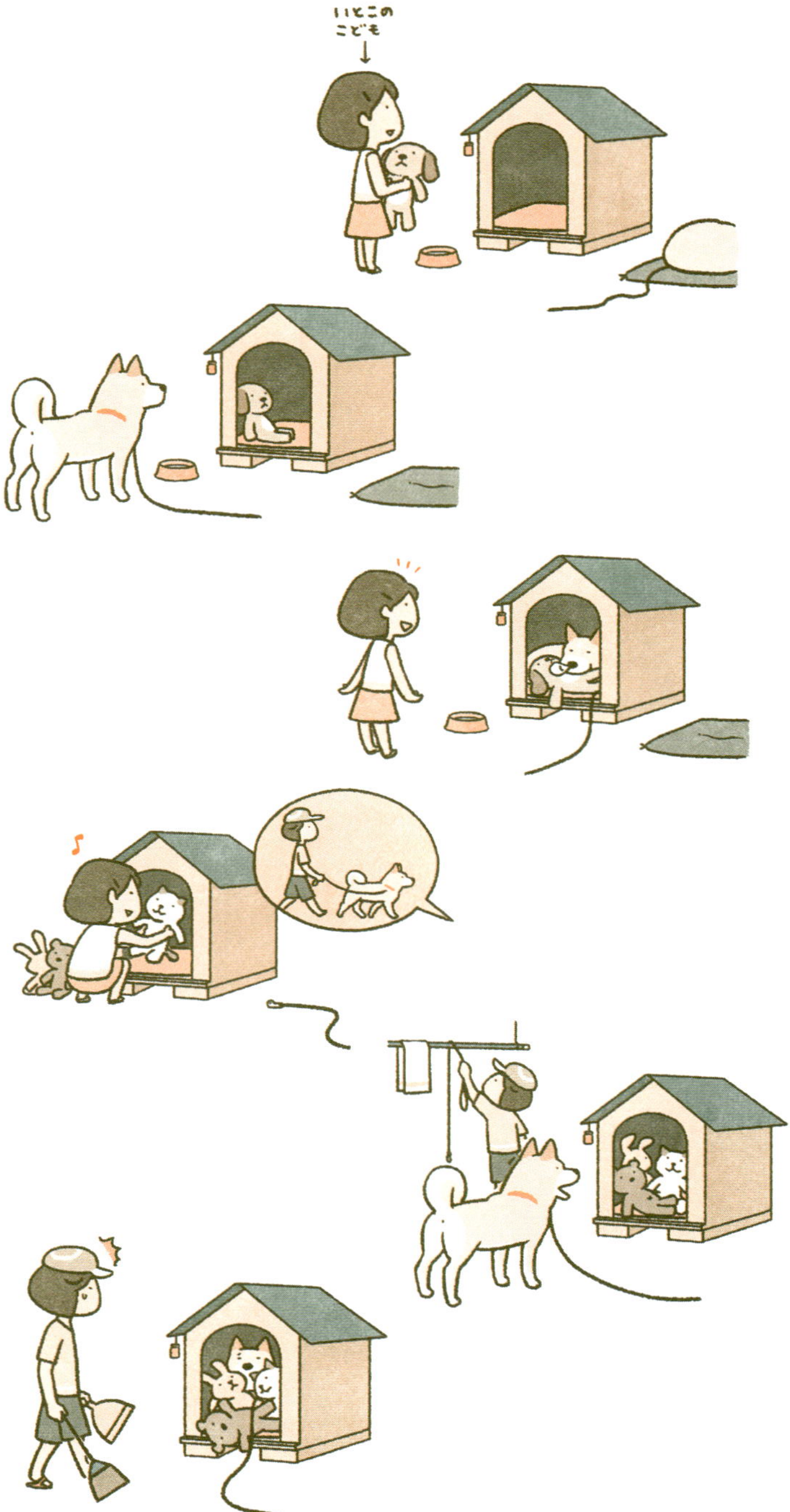

『つ目《め》の敵』

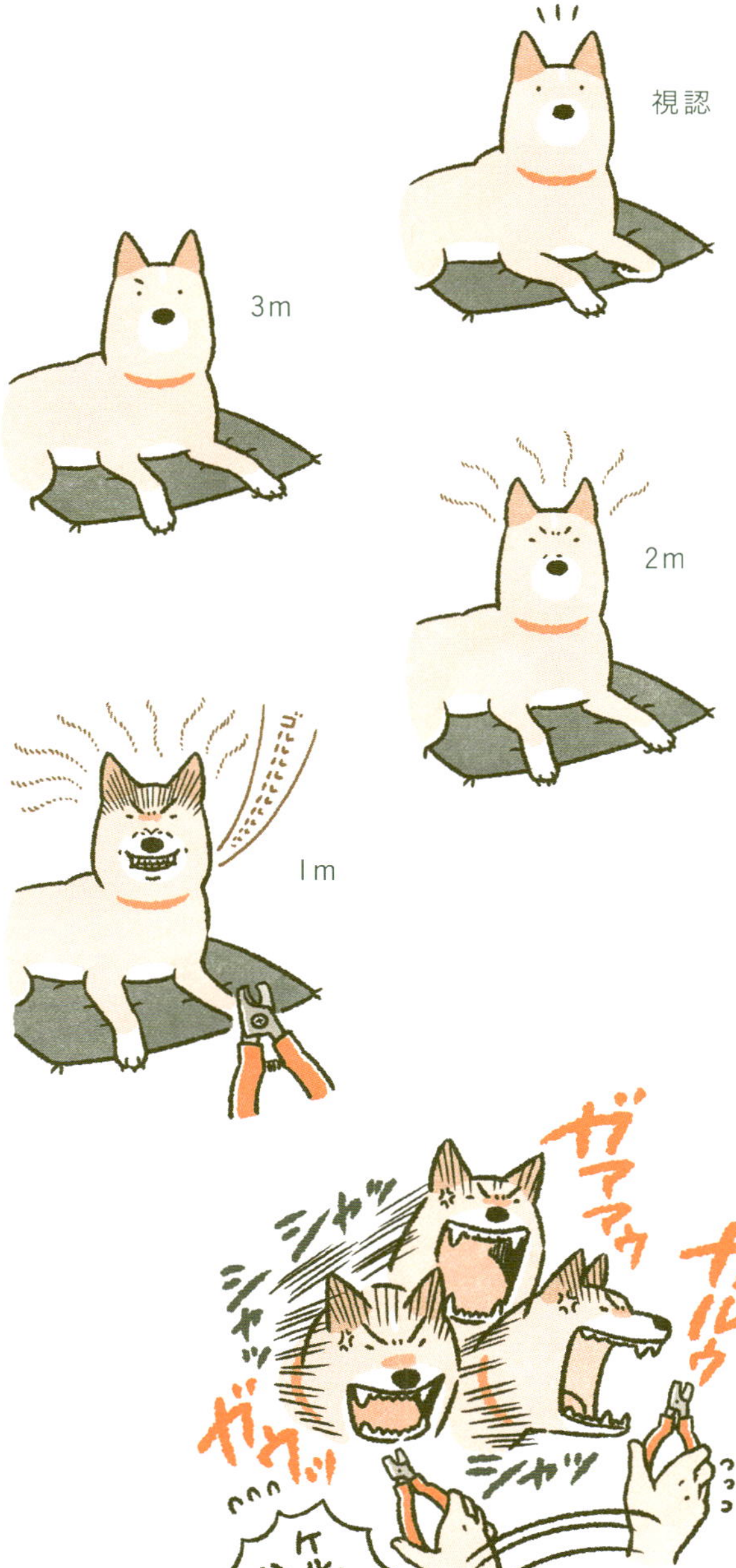

『輪が苦手』

キャイ
キャイ
女子
女子
女子
うーーん
イマイチ会話について行けぬ…
ナニトハナシノソガイカン
まぁ別にいいんだけどね
輪に入るだけが人生じゃなし
犬端会議
む
SA
犬苦手
よしよし
そうだね
あっち行こか
なでり

「加熱と冷却」

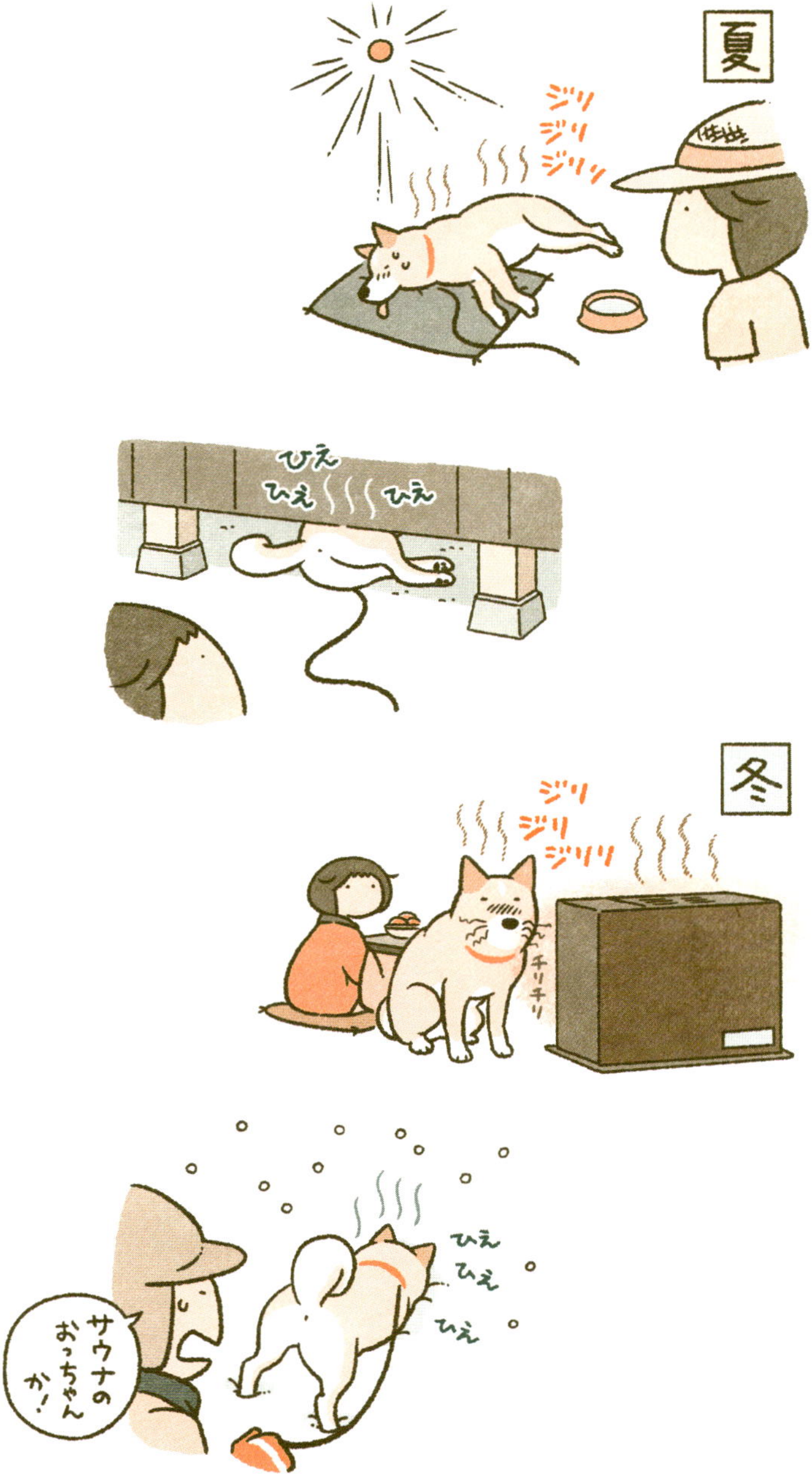
夏
ジリ
ジリ
ジリッ
ひえ
ひえ
ひえ
冬
ジリ
ジリ
ジリリ
チリチリ
ひえ
ひえ
ひえ
サウナのおっちゃんか！

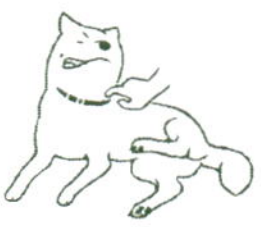

『犬にあああと言わされるとき』

散歩
していて

方針が
合わなかった時

知り合いの
お家で
ごあいさつ中

の
シーーー

犬を
愛でたら

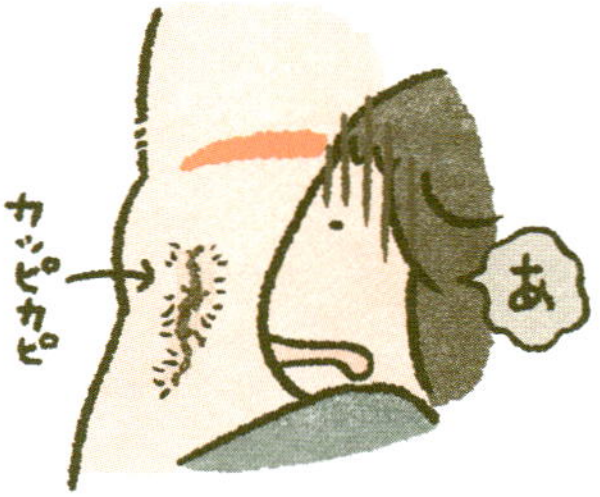

背中で
何らかの
元生き物に
出会った時

一番
立派なヒゲが
もげた時

かつ
もう元に
戻らなかった時

『写真コンテスト』

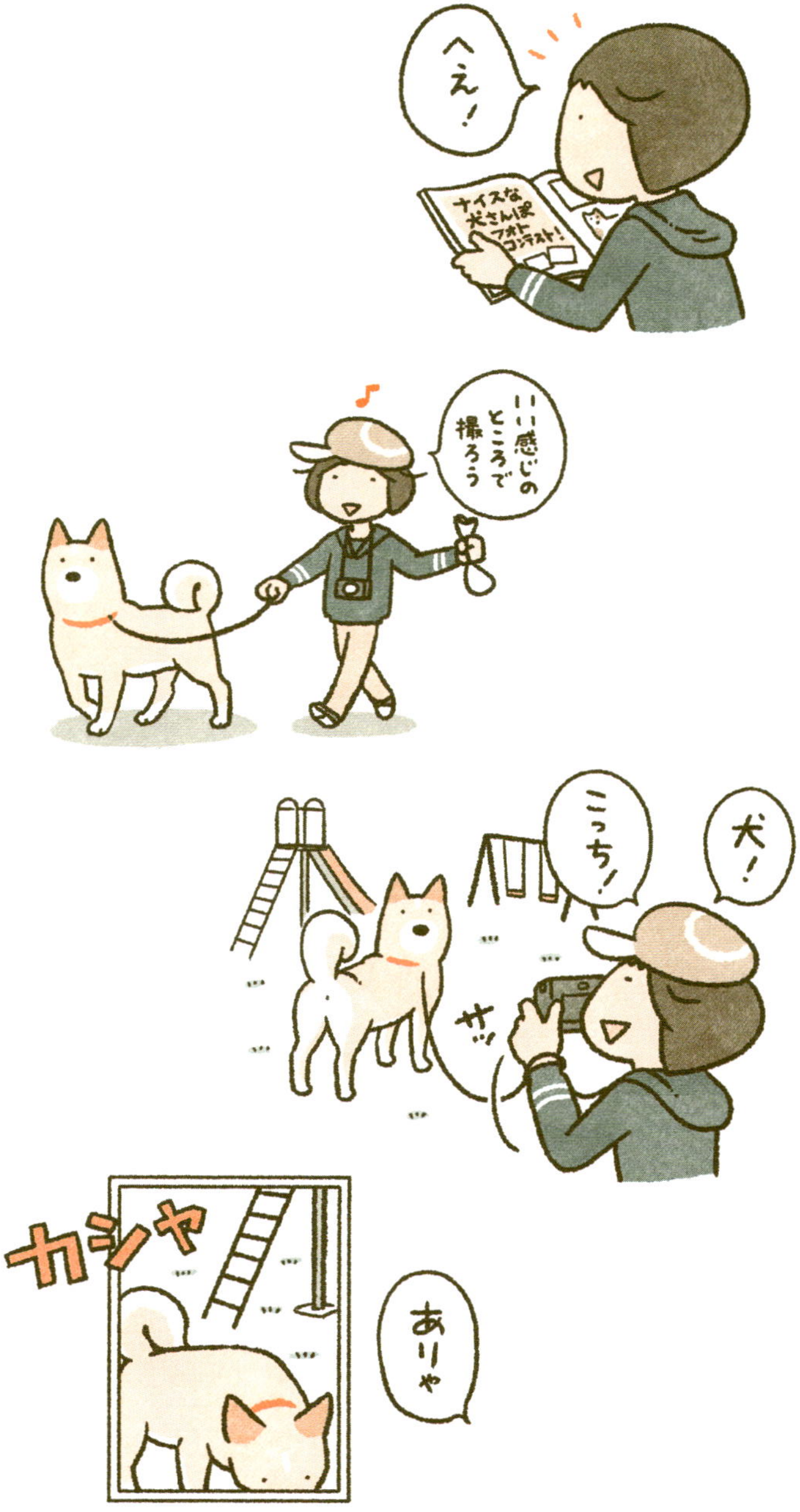
へえ!
ナイスな犬さんぽフォトコンテスト!
いい感じのところで撮ろう
犬!
こっち!
サッ!
カシャ
ありゃ

こっち だって！
みて！ みて！
シャッ
シャッ

カシャ
ぐぬう

いぬ！ いぬ！
ホラ！ ホラ！
シャッ
シャッ
バッ
ババッ
こっち！ こっち！
フンフンフン

犬さんぽ
フォトコンテ
銅のブレブレ賞
ブレている上に
半分という
斬新さが
銅の

『犬笛』

ズッスススー
ズッスススー
ズッススススッスッ
スー

スピョー

『サンドのいろいろ』

ハムサンド
たまごサンド
キュッ
人影など
耳キュッサンド
おやつあげよかなー
どしよかなー
チラッ
チラッ
ガシッ
シャッ
あっ

強奪サンド

破壊サンド

「逆効果」

しゃ〜〜〜ん
しゃーーん
へえ〜
見せつけると効くのかあ
って言ってるそばから！
ずべろーーん
もらったヌイグルミ
コラ
バッ
ダメでしょお
ガッス
あっ
ちょっ
誰も
ガプガプガプ
続きやれとか言ってないんだけど!!
ねえ！

『花も咲き犬も咲き』

『ヒトとイヌの歴史 その1』

昔々
肉食動物の
オオカミと
ガルルルゥ
我々
ヒトとは

食料を
めぐって
争う
敵同士
でした
あら
まあ

その後
ヒトに近付いた
一部のオオカミが
ZZZ
オオカミ
ねえ〜〜〜

徐々に飼い慣らされ子孫を残し
ホレ
ちょっと起き
もいっ

野生下から数えること
ムニリ
我こそは〜〜〜

約三万年を経て
オオカミナリィ〜〜
ムニョオ
ウォ〜〜〜
イヌとなったのです

『ヒトとイヌの歴史 その2』

イヌは長い間
ヒトの
優れた
使役動物
として
役立って
きましたが

時を経るうち
ヒトと
イヌとは
えん
はい
はい
今いく
今いく

ブロロロ
時に
互いが異なる種
であることも
気にしないほど
おや

互いを
互いの生活の中に
疑いもなく
埋めこんで
う――ん
まだです
かね〜〜

その結果
今や
ん？
ああ
じー
オヤツね
オヤツ

どちらがどちらを
使っているのか
キモチいい
ですかー
サッ
サッ
よく分からぬ
までになった
のでした

お題わんこシリーズ

犬と暮らしてよかったこと

免疫力がUPする
(らしいです)

来客がすぐ分かる

運動不足の
心配がない

毎日期待を浴びる

季節を犬が教えてくれる

家に居づらい時の
逃げ場になってもらえる

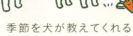

いつでも
ぬくもれる

孤独とは
無縁

「食べさせる幸せ」が
存分に味わえる

犬が吸える

玄関に(犬)マークを並べられる

犬が家族のいこいの場になる

毎日「おかえり」と言われる

泣き言を聞いてもらえる

『ああもう』

今いくよーー
えんえんっ
時間ないのになーー

けるなって!
バッ バッ
ペッペ

ポリポリ
わー
毛だらけ!

ガタンゴトン
ガタンゴトン
なんとか間にあったけど
ハーー
お世話もラクじゃないよ

キーンコーンカーン
でもって帰ったらすぐサンポ…
ん

まいど〜
おいも
石焼いも

ガタン
ゴトン

ただいま いぬ
なんと今日は
えん
えんっ

おイモ付きだぞ〜〜〜

まだまだ
あとであとで
ぴょん
ハフハフ

あとがき

私のマンガ処女作は
小学生の時に描いた
「ウルトラいぬ」
である。

うちの犬が主役で
ヤマもオチもない
浅いマンガであった。

描くとなると
出自が気になる。

?
ペットのずかん

数々の図鑑
目を通してみるが
うちの犬はどの犬種の
項目にもいなかった。

そこで
家族に

うちの犬
なんの犬?

ときくと

みなハンを
押したように

ザッシュ
だろ
シバ
イヌの

と言った。

「ザッシュ」という項目は
本には無かった。

ザッシュ???
ん?
柴犬

シバイヌと言われれば
そうかもしれないが
見れば見るほど
違う気もした。

うちの犬の耳は
もっと大きくて
コゲ茶色だし、

柴

模様はまだらだし
足もひょろ長い。

エンブレム
柴
スラリ

シバイヌにはない
エンブレムだって
あるのだ。

色々調べて分かったのは
「うちの犬は世界に一匹の
オリジナルである」
ということ
であった。

イエーイ
ズカン

彼女は図鑑などには
収まらない「超・犬《ウルトラ》」
だったのだ。
私は誇らしかった。

ウルトラの犬はその後
さほどのウルトラ感も
見せずに のんびりと
家族に愛され

Zzz

血統書こそなかったが
大切なオンリーわん
として過ごした。

私の処女作は と言えば
その浅さゆえに
三作をもって
打ち切りとなったが、

ウルトラいぬ

時を経てそのスピンオフが
本にまでなったのは ひとえに
彼女のウルトラさゆえ
であろうと思うのだ。

おちまい

くにのい あいこさんの
のばされわんこ
シリーズ ほか
発売中！

LINEスタンプ のばされわんこ

犬が、よろこんだり、怒ったり、のばされたりする
「のばされわんこ」のスタンプシリーズです。

作者ページ ▸▸▸ https://store.line.me/stickershop/author/1445/

●のばされ こわんこ！

●のばされわんこのスタンプ

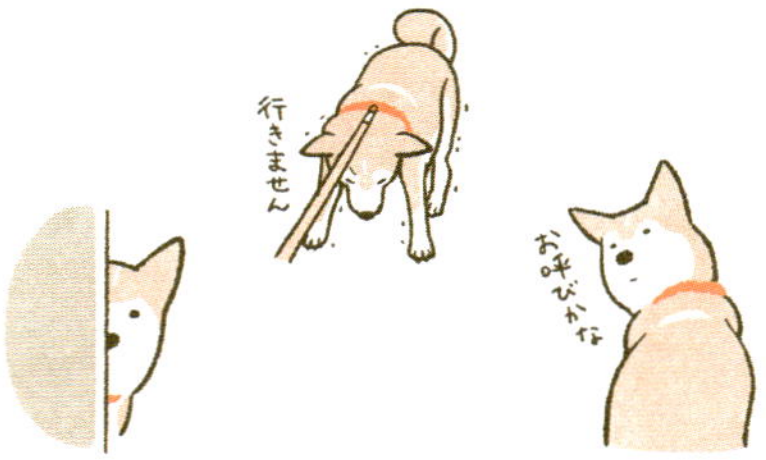

●ぐうたらわんこのいいわけ

●のばされわんこのスタンプ2

●のばされわんこの動くスタンプ

●のばされわんこのスタンプ3

LINE着せかえ

LINEを犬色に染めたい方におすすめ！

作者ページ ▸▸▸ https://store.line.me/themeshop/author/102468

●のばされわんこのきせかえ

●のばされこわんこ！のきせかえ

Others

●庭のざぶとん犬

犬あるあるがいっぱいのコミックエッセイ。

ISBN 978-4-7709-0070-8
定価1,200円+税
虹有社（こうゆうしゃ）

●のばされわんこ SUZURI店

のばされわんこのグッズを購入できます。
https://suzuri.jp/momokera

※画像は一例です。商品は適宜変更されます。

●pixivFANBOX

くにのいあいこさんの活動を直接応援できるのが、pixiv FANBOX。

毎週更新の犬絵などが楽しめます。

https://www.pixiv.net/fanbox/creator/1004127

AZURE WAY AIKO KUNINOI ILLUSTRATIONS ▸▸▸▸▸ http://momokera.wixsite.com/azureway

庭《にわ》のざぶとん犬《いぬ》②

2018年11月21日　第1刷発行
2018年12月5日　第2刷発行

著者　くにのい あいこ

装丁・デザイン　阿部 富美代（34Drive）

発行者　中島 伸
発行所　株式会社 虹有社《こうゆうしゃ》
〒112-0011 東京都文京区千石4-24-2-603
電話 03-3944-0230
FAX. 03-3944-0231
info@kohyusha.co.jp
http://www.kohyusha.co.jp/

印刷・製本　モリモト印刷株式会社

ISBN978-4-7709-0074-6